특징으로 보는
한반도 민물고기

[개정판]

원 · 색 · 도 · 감
특징으로 보는 한반도 민물고기 [개정판]

지은이 이완옥, 노세윤
사 진 노세윤

2011년 7월 11일 개정판 2쇄 발행
2007년 9월 15일 개정판 1쇄 발행
2006년 5월 22일 초 판 1쇄 발행

펴낸이 이원중 책임편집 이지혜 디자인 이유나
펴낸곳 지성사 출판등록일 1993년 12월 9일 등록번호 제10 - 916호
주소 (121 - 829) 서울시 마포구 상수동 337 - 4 전화 (02) 335 - 5494~5 팩스 (02) 335 - 5496
홈페이지 www.jisungsa.co.k 블로그 blog.naver.com / jisungsabook 이메일 jisungsa@hanmail.net
편집주간 김명희 편집팀 김찬 디자인 정애경

이완옥 · 노세윤 ⓒ 2006

ISBN 978 - 89 - 7889 - 158 - 5 (06490)
잘못된 책은 바꾸어드립니다. 책값은 뒤표지에 있습니다.

책머리에

깊은 산골에서 시작된 실개천은 수없이 많은 물줄기를 만나 내와 강을 이룬 후 멀리 동해와 서해 그리고 남해 바다로 빠져나갑니다. 산골의 실개천에서 강 아래까지에는 220여 종의 민물고기가 살고 있으며, 그중에서 60여 종은 지구상에서 우리 땅에만 유일하게 사는 대한민국 고유종입니다. 몇몇 물고기는 특정 지방의 작은 물줄기 한 곳에서만 수만 년 동안 붙박이로 터를 잡고 살고 있습니다.

사람들은 흔히 내와 강을 마주하고 쉽게 그 경관과 겉모습을 이야기하지만, 정작 그 안에 아름답고도 오묘한 물고기들이 우리보다 앞서 오랜 옛날부터 살고 있었다는 사실에 대해서는 잊고 지냅니다.

서울의 마포와 신촌에서 보냈던 아득한 유년시절, 집과 그리 멀지 않은 거리에 논과 밭이 있었고 가끔 친구들과 도랑에 나가 대바구니로 물고기를 잡곤 했습니다. 그러다가 어느 날은 작고 납작한 물고기를 여러 마리 잡았는데, 몸 색깔이 진한 갈색인데다 긴 지느러미에는 하늘색 형광 빛을 띤 점들이 깨알같이 박혀있어 아주 예쁘고 신비해 보이는 놈들이었습니다. 그중 몇 마리를 병에 담아 집으로 가져가서 작은 항아리에 옮겨놓고선 틈만 나면 들여다보았습니다. 천천히 헤엄치다가 물위로 떠올라 공기를 들이마시고 다시 물속으로 들어가기를 반복하던 이 물고기들은 하루도 못 가서 죽는 다른 물고기와는 달리 아주 오랫동안 잘 살아주었습니다. 이 신기한 경험은 훗날에도 친구들에게 종종 이야기하곤 했습니다.

세월이 지나 두 아이의 아버지가 되었고, 1991년 5월 어느 날 서점에 들러 우연히 펼쳐본 민물고기에 관한 책 속에 유년 시절 신비의 추억을 되살리는 대목이 사진과 함께 실려있었습니다. 그 물고기의 이름이 '버들붕어'라는 것과 그들은 물 밖에서 숨을 쉴 수 있는 호흡 기관이 있어 산소가 희박한 물속에서도 오래 살 수 있다는 내용을 알 수 있었습니다. 유년 시절 대바구니로 잡았던 한 작고 신비한 물고기의 항아리 속 비밀이 20여 년이 훨씬 넘어서야 풀린 것입니다.

이때부터 민물고기에 대한 관심을 가지고 틈이 나면 전국의 물줄기를 찾아다니기 시작했는데, 생김새나 색깔이 다른 민물고기를 새로이 대할 때마다 정확한 이름을 알 수 없어 답답해하기도 했습니다. 그 당시 훌륭한 도감이 몇 권 출간되어 어종을 구분하는 데 많은 도움이 되었지만, 각개의 고유한 특징과 여러 모습을 더 자세히 알려주는 책이 있었으면 하는 아쉬움이 차츰 커져만 갔습니다.

이러한 경험을 바탕으로 민물고기 133종의 대표 사진과 더불어 각각의 고유한 특성이 살아있는 풍부한 사진, 비슷한 다른 물고기와 비교한 상세 사진, 그리고 그들의 주요 서식지가 담긴 사진까지 1100여 장이 넘는 사진들을 자세한 설명과 함께 실어 그동안 준비해왔던 『특징으로 보는 한반도 민물고기』를 내놓게 되었습니다. 이 도감이 민물고기를 처음 대하면서 이들에 대해 더 자세히 알고 싶어하는 어린 학생들이나 일반인, 그리고 어류학 전공을 희망하는 학생들에게 조금이나마 도움이 되었으면 하는 바람입니다.

필자의 오랜 염원을 이해하고 흔쾌히 공동저자로 나서주어 이 책의 내용이 더 충

실해질 수 있도록 해주신 해양수산부 내수면 생태연구소의 이완옥 박사님께 감사드리며, 자료 보충을 위한 도움 요청에 만일을 제쳐두고 전국의 여러 물줄기로 앞장서서 안내해주신 충남 보령의 조성장 님께 심심한 감사를 드립니다. 그리고 이 책의 출판을 결정해주신 지성사 이원중 사장님과 오랜 기간 섬세하게 내용을 짚어주어 완성을 도와준 편집부 여러분, 그 밖에 도움을 주신 여러 지인들에게도 감사의 마음을 전합니다.

마지막으로, 몇 년 동안 책상에 파묻혀 산 것도 모자라 막판 자료를 보충한답시고 이리저리 전국을 돌아다닌 가장을 이해해준 아내와 두 아들에게 이제야 미안함과 특별한 고마움을 전합니다.

이 책에 수록된 민물고기들을 만나는 일은 큰 기쁨이자 행복이었습니다. 이런 만남이 우리 세대만의 행운으로 끝나지 않도록 독자 여러분의 관심과 애정으로 우리 민물고기가 이 땅에서 영원히 살아갈 수 있기를 빌어봅니다.

2006년 3월 남해 거제도의 작은 개울에서

노세윤

차례

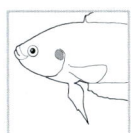 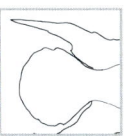

책머리에 …… 004
일러두기 …… 012
알아보기 …… 014
주요 강으로 찾기 …… 016
서식지로 찾기 …… 018

칠성장어목 Order Petromyzontiformes
칠성장어과 Family Petromyzontidae
다묵장어 *Lethenteron reissneri* …… 022

철갑상어목 Order Acipenseriformes
철갑상어과 Family Acipenseridae
철갑상어 *Acipenser sinensis* …… 026

뱀장어목 Order Anguilliformes
뱀장어과 Family Anguillidae
뱀장어 *Anguilla japonica* …… 030

잉어목 Order Cypriniformes
잉어과 Family Cyprinidae
잉어아과 Subfamily Cyprininae
잉어 *Cyprinus carpio* …… 034
이스라엘잉어 *Cyprinus carpio* …… 037
붕어 *Carassius auratus* …… 039

납자루아과 Subfamily Acheilognathinae
흰줄납줄개 *Rhodeus ocellatus* …… 042
한강납줄개 *Rhodeus pseudosericeus* …… 046
각시붕어 *Rhodeus uyekii* …… 048
떡납줄갱이 *Rhodeus notatus* …… 052
납자루 *Acheilognathus lanceolatus* …… 055
묵납자루 *Acheilognathus signifer* …… 058
칼납자루 *Acheilognathus koreensis* …… 062
임실납자루 *Acheilognathus somjinensis* …… 065
줄납자루 *Acheilognathus yamatsutae* …… 068
큰줄납자루 *Acheilognathus majusculus* …… 070
납지리 *Acheilognathus rhombeus* …… 072
큰납지리 *Acanthorhodeus macropterus* …… 075
가시납지리 *Acanthorhodeus gracilis* …… 077

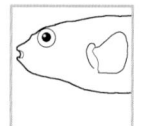
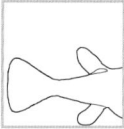

모래무지아과 Subfamily Gobioninae

참붕어 *Pseudorasbora parva* 080

돌고기 *Pungtungia herzi* 082

감돌고기 *Pseudopungtungia nigra* 085

가는돌고기 *Pseudopungtungia tenuicorpa* ... 088

쉬리 *Coreoleuciscus splendidus* 091

새미 *Ladislabia taczanowskii* 095

참중고기 *Sarcocheilichthys variegatus wakiyae* 098

중고기 *Sarcocheilichthys nigripinnis morii* 101

줄몰개 *Gnathopogon strigatus* 104

긴몰개 *Squalidus gracilis majimae* 106

몰개 *Squalidus japonicus coreanus* 108

참몰개 *Squalidus chankaensis tsuchigae* 110

점몰개 *Squalidus multimaculatus* 112

누치 *Hemibarbus labeo* 114

참마자 *Hemibarbus longirostris* 116

어름치 *Hemibarbus mylodon* 118

모래무지 *Pseudogobio esocinus* 122

버들매치 *Abbottina rivularis* 125

왜매치 *Abbottina springeri* 128

꾸구리 *Gobiobotia macrocephala* 131

돌상어 *Gobiobotia brevibarba* 134

흰수마자 *Gobiobotia nakdongensis* 137

돌마자 *Microphysogobio yaluensis* 140

됭경모치 *Microphysogobio jeoni* 143

배가사리 *Microphysogobio longidorsalis* 146

황어아과 Subfamily Leuciscinae

황어 *Tribolodon hakonensis* 149

연준모치 *Phoxinus phoxinus* 151

버들치 *Rhynchocypris oxycephalus* 154

버들개 *Rhynchocypris steindachneri* 157

금강모치 *Rhynchocypris kumgangensis* 160

피라미아과 Subfamily Danioninae

왜몰개 *Aphyocypris chinensis* 163

갈겨니 *Zacco temminckii* 165

참갈겨니 *Zacco koreanus* 168

피라미 *Zacco platypus* 171

끄리 *Opsariichthys uncirostris amurensis* 174

눈불개 *Squaliobarbus curriculus* 177

강준치아과 Subfamily Cultrinae

치리 *Hemiculter eigenmanni* 180

| 종개과 Family Balitoridae

종개 *Orthrias toni* 183

대륙종개 *Orthrias nudus* 186

쌀미꾸리 *Lefua costata* 189

| 미꾸리과 *Family Cobitidae*

    미꾸리 *Misgurnus anguillicaudatus* 192

    미꾸라지 *Misgurnus mizolepis* 195

    새코미꾸리 *Koreocobitis rotundicaudata* ... 198

    얼룩새코미꾸리 *Koreocobitis naktongensis* ... 201

    참종개 *Iksookimia koreensis* 204

    부안종개 *Iksookimia pumila* 207

    미호종개 *Iksookimia choii* 210

    왕종개 *Iksookimia longicorpus* 213

    남방종개 *Iksookimia hugowolfeldi* 216

    동방종개 *Ilksookimia yongdokensis* 219

    기름종개 *Cobitis hankugensis* 222

    점줄종개 *Cobitis lutheri* 225

    줄종개 *Cobitis tetralineata* 228

    북방종개 *Cobitis pacifica* 231

    수수미꾸리 *Niwaella multifasciata* 234

    좀수수치 *Kichulchoia brevifasciata* 237

| 메기목 *Order Siluriformes*

| 동자개과 *Family Bagridae*

    동자개 *Pseudobagrus fulvidraco* 241

    눈동자개 *Pseudobagrus koreanus* 244

    꼬치동자개 *Pseudobagrus brevicorpus* 247

    대농갱이 *Leiocassis ussuriensis* 250

    종어 *Leiocassis longirostris* 253

| 메기과 *Family Siluridae*

    메기 *Silurus asotus* 255

    미유기 *Silurus microdorsalis* 258

| 퉁가리과 *Family Amblycipitidae*

    자가사리 *Liobagrus mediadiposalis* 261

    퉁가리 *Liobagrus andersoni* 264

    퉁사리 *Liobagrus obesus* 267

| 바다빙어목 *Order Osmeriformes*

| 바다빙어과 *Family Osmeridae*

    빙어 *Hypomesus nipponensis* 271

    은어 *Plecoglossus altivelis* 274

| 연어목 *Order Salmoniformes*

| 연어과 *Family Salmonidae*

    열목어 *Brachymystax lenok tsinlingensis* 277

    연어 *Oncorhynchus keta* 279

    산천어 · 송어 *Oncorhynchus masou masou* 282

    무지개송어 *Onchorhynchus mykiss* 285

숭어목 *Order Mugiligormes*

숭어과 *Family Mugilidae*

가숭어 *Chelon haematocheilus* 289

동갈치목 *Order Beloniformes*

송사리과 *Family Adrianichthyidae*

송사리 *Oryzias latipes* 292

대륙송사리 *Oryzias sinensis* 295

큰가시고기목 *Order Gasterosteiformes*

큰가시고기과 *Family Gasterosteidae*

큰가시고기 *Gasterosteus aculeatus* 299

가시고시 *Pungitius sinensis* 302

잔가시고기 *Pungitius kaibarae* 305

드렁허리목 *Order Synbranchiformes*

드렁허리과 *Family Synbranchidae*

드렁허리 *Monopterus albus* 309

쏨뱅이목 *Scorpaeniformes*

둑중개과 *Family Cottidae*

둑중개 *Cottus koreanus* 313

한둑중개 *Cottus hangiongensis* 316

꺽정이 *Trachidermus fasciatus* 319

농어목 *Order Perciformes*

꺽지과 *Family Centropomidae*

쏘가리 *Siniperca scherzeri* 323

황쏘가리 *Siniperca scherzeri* 326

꺽저기 *Coreoperca kawamebari* 329

꺽지 *Coreoperca herzi* 332

검정우럭과 *Family Centrachidae*

블루길 *Lepomis macrochirus* 335

배스 *Micropterus salmoides* 337

시클리과 *Family Cichlidae*

나일틸라피아 *Oreochromis niloticus* 339

돛양태과 *Family Callionymidae*

강주걱양태 *Repomucenus olidus* 341

동사리과 *Family Odontobutidae*

동사리 *Odontobutis platycephala* 344

얼록동사리 *Odontobutis interrupta* 347

남방동사리 *Odontobutis obscura* 350

좀구굴치 *Micropercops swinhonis* 353

망둑어과 *Family Gobiidae*

날망둑 *Chaenogobius castaneus* 356

꾹저구 *Chaenogobius urotaenia* 359

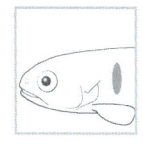 

문절망둑 *Acanthogobius flavimanus*	⋯⋯ 362
흰발망둑 *Acanthogobius lactipes*	⋯⋯ 365
풀망둑 *Synechogobius hasta*	⋯⋯ 368
갈문망둑 *Rhinogobius giurinus*	⋯⋯ 371
밀어 *Rhinogobius brunneus*	⋯⋯ 374
민물두줄망둑 *Tridentiger bifasciatus*	⋯⋯ 377
검정망둑 *Tridentiger obscurus*	⋯⋯ 380
민물검정망둑 *Tridentiger brevispinis*	⋯⋯ 383
모치망둑 *Mugilogobius abei*	⋯⋯ 386
말뚝망둥어 *Periophthalmus modestus*	⋯⋯ 389
큰볏말뚝망둥어 *Periophthalmus magnuspinnatus*	⋯⋯ 393
미끈망둑 *Luciogobius guttatus*	⋯⋯ 397
사백어 *Leucopsarion petersii*	⋯⋯ 400
개소겡 *Odontamblyopus lacepedii*	⋯⋯ 403

버들붕어과 *Family Belontiidae*	
버들붕어 *Macropodus ocellatus*	⋯⋯ 405

가물치과 *Family Channidae*	
가물치 *Channa argus*	⋯⋯ 408

복어목 Order Tetraodontiformes

참복과 *Family Tetraodontidae*	
복섬 *Takifugu niphobles*	⋯⋯ 411
황복 *Takifugu obscurus*	⋯⋯ 414

형태별 찾아보기	⋯⋯ 417
학명 찾아보기	⋯⋯ 426
우리 이름 찾아보기	⋯⋯ 429
참고 문헌	⋯⋯ 432

일러두기

1. 물고기 분류와 순서는 넬슨(Nelson) 체계를 기준으로 하였고, 학명과 명명자는 가능한 한 최근 밝혀지거나 발표된 사례를 실었다.
2. 각 어종이 서식하는 물길은 쪽 가장자리에 음영 상자를 첨가함으로써 따로 찾아볼 수 있게 하였다.
3. 찾아보기는 우리말 이름과 학명을 따로 수록하였고, 특히 물고기 형태별로 재분류하여 구성하였다.
4. 용어 설명은 해당하는 단어가 처음 나오는 쪽에 * 표시를 하고 설명하였고, 더 자세한 정보가 필요한 곳에는 상자를 덧붙여 밝혀놓았다.

일러두기

특징 : 해당 어종의 형태적 특징과 생태적 특징을 보여준다. 특정한 부위를 강조할 필요가 있는 경우는 트리밍하여 실었다. 특히 비슷한 다른 어종은 직접 비교 사진과 함께 한눈에 볼 수 있도록 하였다.

어류에 대한 일반 상식 또는 해당하는 쪽에 별도로 내용 보충이 필요한 경우 덧붙인 상자 안에 설명하였다.

해당 어종의 서식지에 직접 찾아가 찍은 사진을 함께 실었다.

해당 어종과 닮은 꼴 물고기의 대표 사진을 수록하고 그 항목이 담긴 쪽수를 찾아볼 수 있게 하였다.

알아보기

○● 민물고기 주요 부분과 명칭

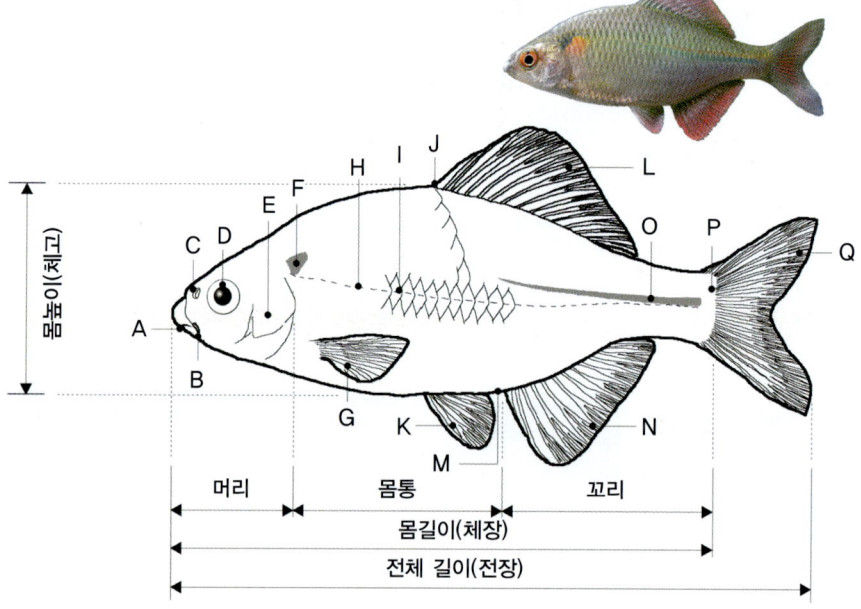

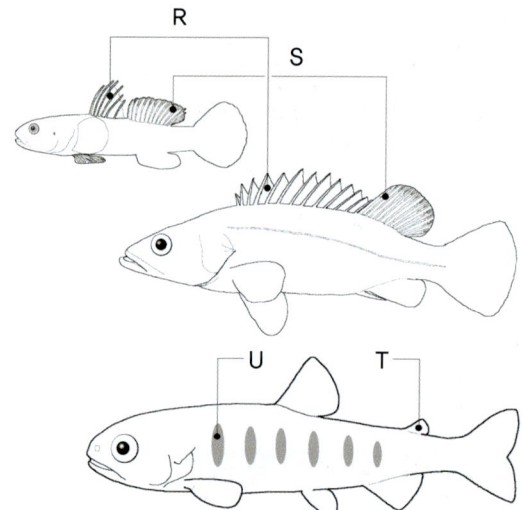

A. 입
B. 수염
C. 콧구멍
D. 눈
E. 아가미덮개
F. 아가미 뒤 반점
G. 가슴지느러미
H. 옆줄(측선)
I. 옆줄 비늘(측선 비늘)
J. 등지느러미 시작 부분(기점)
K. 배지느러미
L. 등지느러미
M. 항문/생식공
N. 뒷지느러미
O. 가로줄무늬
P. 꼬리지느러미 시작 부분(미병부)
Q. 꼬리지느러미
R. 제1등지느러미
S. 제2등지느러미
T. 기름지느러미
U. 파마크(ParrMark)

알아보기

■ 등지느러미 기조

물고기의 등지느러미는 가시 형태의 극조(棘條)나 마디로 된 연조(軟條)로 뼈대를 이루고 있으며 이를 합하여 '기조'라고 부른다. 각 기조는 얇은 막으로 연결되어 있는데 이를 기조막이라고 한다.

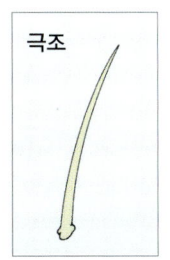
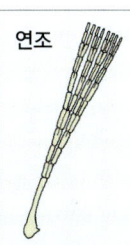

칼납자루

쏘가리

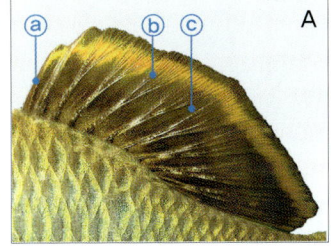
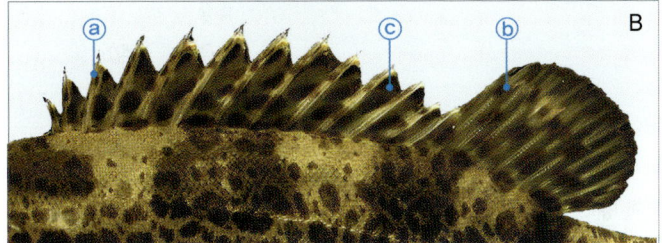

등지느러미 극조ⓐ, 연조ⓑ, 기조막ⓒ(그림 A, B)

■ 민물고기의 여러가지 생김새

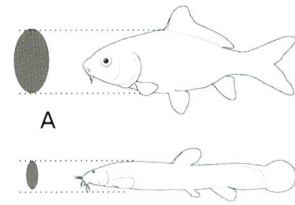
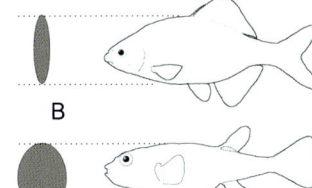
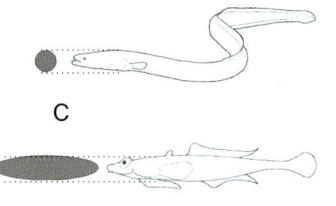

A 유선 모양(방추형)   B 옆으로 납작한 모양(측편형)   C 가늘고 긴 모양(장어형)
D 리본 모양(리본형)   E 원통 모양(구형)   F 위아래로 납작한 모양(종편형)

주요 강으로 찾기

■ 남한강

■ 북한강

■ 임진강

■ 한강 | 태백산맥에서 발원하여 강원도 · 충청북도 · 경기도 · 서울특별시를 거쳐 황해로 흘러드는 강. 상류 쪽은 남한강과 북한강 둘로 나뉘며 남한강이 본류이다. 북한강은 금강산 부근에서 물줄기가 시작하고, 강원도 삼척시 대덕산에서 발원한 남한강과 경기도 양평군 양서면 양수리에서 만나며 서울특별시를 지나 파주시에서 임진강과 합류하여 황해로 흘러든다.

■ 금강 | 전라북도 장수군 장수읍에서 발원하여 군산만으로 흘러들어간다. 남한에서는 한강 · 낙동강 다음으로 큰 강이다.

주요 강으로 찾기

1 한강(남한강, 북한강)·임진강 수계
2 금강 수계
3 만경강·영산강 수계
4 섬진강 수계
5 낙동강 수계
6 동해안 수계

■ **만경강** | 전라북도 완주군 화산면에서 발원하여 황해로 흘러들어간다.

■ **섬진강** | 전라북도 진안군 백운면에서 발원하여 남해로 흘러들어간다.

■ **낙동강** | 강원도 태백시 함백산의 황지에서 발원하여 대구분지를 지나 부산 서쪽에서 나누어진다. 영강·금호강·밀양강 들과 합류하여 남해로 흘러들어간다.

■ **동해안 수계인 간성 북천** | 동해안 최북단 비무장지대의 명파천부터 남으로 울산광역시에서 발원하는 형산강, 태화강까지 크고작은 20여 개 하천이 동해로 흘러든다.

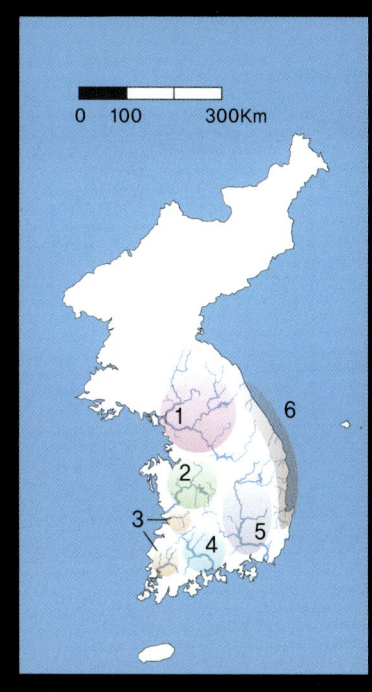

남한의 주요 강 수계도

서식지로 찾기

■ **계류** | 강이 시작되는 최상류로 바위가 많고 물살이 세며 경사가 급하다.

■ **상류** | 물길이 좌우로 굽어지며 돌과 자갈이 많고 물살이 빠르다.

■ **중류** | 자갈이 깔린 여울과 모래가 깔린 소(沼)가 이어지며 물살이 느리다.

■ **하류** | 강폭이 넓고 물의 양이 많으며 탁하다. 바닥에는 모래와 펄이 깔려있고 중류에서 떠내려오는 많은 양의 유기물이 가라앉는다.

■ **기수역** | 바다와 만나는 강의 최하류 지역. 밀물과 썰물에 의한 염분의 농도 변화가 심하고 민물 생태와 바다 생태를 연결하는 중간 지점으로 독특한 생태계를 형성한다.

서식지로 찾기

■ 댐호 | 계곡을 가로막아 축조한 댐에 의해 조성된 인공호수.

■ 호수

계류, 상류

중류

하류, 기수역

댐호, 호수

농수로, 소하천

대한민국 고유종

멸종 위기종

천연기념물

■ 농수로

■ 소하천

■ **대한민국 고유종** | 전 세계에서 우리나라에만 분포하는 고유종을 나타낸 것으로, 이 책에서는 한강납줄개와 각시붕어, 꾸구리를 비롯하여 총 50종을 수록하였다.
■ **멸종 위기종** | 환경부에서 지정한 멸종위기야생동식물 I급과 II급에 해당하는 경우 표시하였는데, 이 책에서는 감돌고기, 가시고기를 비롯하여 총 16종을 수록하였다.
■ **천연기념물** | 자연사적으로나 학술적으로 희귀성과 고유성이 있고 심미적인 가치가 있는 어종이나 그 서식지를 보호하기 위한 것으로, 이 책에서는 열목어 서식지와 더불어 어름치, 미호종개 등 5종이 기재되어있다.

칠성장어목
Order Petromyzontiformes

칠성장어과   다묵장어

다묵장어

Lethenteron reissneri (DYBOWSKI, 1869)
Sand lamprey

방언 : 구리, 모래칠성장어, 칠성장어

칠성장어목 | 칠성장어과

몸길이 : 20cm

산란 습성	모래나 자갈이 깔린 여울의 강바닥을 파고 알을 낳는다.
산란 시기	1 2 3 ④ ⑤ ⑥ 7 8 9 10 11 12

멸종위기야생동식물 II급

- **형태** | 칠성장어와 형태가 비슷하지만 크기는 작다. 콧구멍은 주둥이 위쪽으로 1개가 있다. 가슴지느러미와 배지느러미가 없고 뒷지느러미는 암컷만 있다. 칠성장어와 달리 두 번째 등지느러미와 꼬리지느러미에 검은 반점이 없다.
- **색깔** | 등 쪽은 황갈색이며 배 쪽은 옅은 갈색이다. 꼬리지느러미는 가장자리가 황갈색이고 가운데 부분에 약간 짙은 무늬가 있다.
- **생활** | 칠성장어와는 달리 일생을 하천에서 보낸다. 알에서 부화한 유생*은 물 흐름이 약한 하천 가장자리 모래 속에서 살고, 다 자라면 물 흐름이 빠르고 자갈이 있는 여울에서 산다.
- **식성** | 유생기에는 하천 바닥의 진흙이나 모래 속에 섞여있는 유기물을 걸러 먹고 산다. 성어가 되면 아무것도 먹지 않는다.
- **분포** | 제주도를 제외한 전국 하천에 서식한다. 중국, 일본, 연해주 등지에도 분포한다.

칠성장어목 | 칠성장어과
몸길이 : 20cm

다묵장어

다묵장어의 흡반(왼쪽)과 흡반을 이용해 몸체를 고정한 모습(오른쪽)

다묵장어는 좌우 7개의 구멍으로 호흡을 하며 입은 빨판 구조로 되어있는데, 이 흡반을 이용해 돌에 붙어 몸을 고정하거나 유기물을 걸러 먹는다. 가슴지느러미와 배지느러미, 즉 짝지느러미는 없다. 뒷지느러미는 암컷만 있고 수컷은 생식기가 돌출되어있다.

뼈가 없는 대신 척추의 원시적인 형태인 부드러운 척색이 있다. 가장 원시적인 형태(무악류*, 원구류*)의 물고기이다. 유생 기간은 3년 정도이며 4년차에 성어가 되어 산란과 방정*을 하면 곧 죽는다. 강으로 유입되는 작은 개울 지역의 모래와 자갈이 있는 수심이 30cm 안팎의 장소에 산란하는 것으로 알려져있다. 최근 서식처의 파괴로 그 수가 급격히 줄어들고 있다. 환경부가 제정하여 2005년 2월 시행된 야생동식물보호법에 의해 '멸종위기야생동식물Ⅱ급'으로 지정된 보호종이다.

다묵장어 수컷 생식기(위쪽)와 꼬리지느러미(아래쪽)

*유생(幼生, arva)
변태(變態)하는 동물의 어린 것. 곤충에서는 애벌레라 부른다. 개구리를 예로 들면 올챙이가 유생이라고 할 수 있다. 물고기의 경우에는 장어류(類)의 새끼들이 유생기를 거쳐 성어로 변태한다.

*무악류(無顎類, agnatha)
물고기는 크게 나누어 턱이 없는 무악류, 뼈가 물렁뼈로 된 연골어류, 단단한 뼈로 된 경골어류 등 세 가지 무리가 있다. 무악류는 아래위 턱뼈가 없는 형태로 현재 지구상에 존재하는 척추동물 중 가장 원시적이고 단순한 강(綱)에 속한다. 고생대 데본기 말기에 이르러 거의 사라진 것으로 추정되며 그중에서 고대어(古代魚)의 기본적인 특징을 현대까지 유지하면서 생존해 있는 종으로는 칠성장어목의 칠성장어·칠성말배꼽·다묵장어, 먹장어목의 먹장어·꾀장어가 있다.

*원구류(圓口類, cyclostomata)
무악류강(綱)에 속해 있는 물고기로 입 모양이 둥글고 빨판 구조로 되어있어 다른 물고기 몸에 달라붙어 피를 빨거나 물속의 물체에 달라붙어 몸을 고정시킨다. 다묵장어와 먹장어 들이 포함된다.

*방정(放精)
물속 동물의 수컷이 수정하기 위해 정자를 물속에 방출하는 것. 암컷이 낳은 알에 수컷이 정자를 방정하면 정자 1개가 난자 1개에 들어감으로써 이른바 체외수정이 이루어진다.

다묵장어

칠성장어목 | 칠성장어과
몸길이 : 20cm

다묵장어의 서식지인 경남 산청군 시천면

다묵장어 유생의 머리

변태하기 직전의 다묵장어 유생. 눈과 입이 완전하지 않다.

철갑상어목
Order Acipenseriformes

철갑상어과   철갑상어

철갑상어

Acipenser sinensis Gray, 1835
Chinese sturgeon

방언 : 줄철갑상어

철갑상어목 | 철갑상어과
몸길이 : 200cm

산란 습성	모래와 자갈이 깔린 큰 강에 산란한다.
산란 시기	1 2 3 4 5 6 7 8 9 ⑩ ⑪ 12

| 형태 | 몸은 원통형이고 주둥이 끝이 길고 뾰족하다. 주둥이 뒤쪽에 입이 있고 입수염이 두 쌍 있다. 배 밑과 옆, 그리고 등에 굳비늘*이 있다. 꼬리지느러미는 위쪽이 길고 아래쪽이 짧다.
| 색깔 | 등은 회갈색 또는 청갈색이고 배 쪽으로 갈수록 흰색을 띤다. 굳비늘 부근은 색이 더 밝다.
| 생활 | 회유성* 물고기로 산란기에 큰 강 하구에 출현하는데, 중국(양쯔강)에 서식하는 철갑상어는 10~11월에 산란한다. 산란장은 자갈이 깔린 여울이며 수온 17~18℃에서 5~6일 만에 부화한다고 알려져있다. 10년 이상 자라야 산란할 수 있다.
| 식성 | 어릴 때는 동물성 플랑크톤을 먹고, 자라서는 수서곤충, 조개, 게, 새우, 어린 물고기 등 바닥에 사는 생물을 주로 먹는다.
| 분포 | 금강이나 한강처럼 서해로 흐르는 큰 강 하구에 사는 것으로 알려져있으나 최근에는 출현 기록이 없다. 중국 남부와 일본 규슈 지방에도 분포한다.

| 철갑상어목 | 철갑상어과
| 몸길이 : 200cm

철갑상어

철갑상어의 머리

몸통

꼬리지느러미

철갑상어는 겉모양이 특이할 뿐만 아니라 몸이 2m 이상까지 자라는 대형 종(種)이라 쉽게 눈에 띄지만 최근에는 출현 기록이 거의 없다. 세계적으로 4속 24종이 출현하는데, 캐비아*를 얻기 위한 남획으로 희귀해져 대부분 CITES*에 따라 국제무역이 제한되어있다. 일부는 양식 대상 종으로 개발되어있고, 우리나라에서도 러시아에서 몇몇 종을 들여와 양식 기술을 개발하고 있다. 사진은 러시아산 양식종인 '베스테르 철갑상어(*Huso huso* × *Acipenser ruthenus* 교잡종)'이다.

*굳비늘[경린(硬鱗), ganoid scaled]
단단하고 광택이 있는 물고기 비늘. 대부분은 마름모꼴로 연결되어있다. 고생대 원시 물고기(판피류)들에 있었으나 지금은 몇 종류에만 남아있다.

*회유성(回遊性, migration)
물고기가 산란을 하거나 먹이를 얻기 위해 계절에 따라 바다에서 강으로, 강에서 바다로 떼 지어 옮겨 다니는 성질을 말한다. 회유성 어족은 이런 물고기 종류를 지칭한다. 연어, 뱀장어, 황어, 빙어 들이 회유성 물고기에 속한다.

*캐비아(caviar)
철갑상어의 알을 소금에 절인 것으로 송로버섯, 포와그라와 함께 세계 3대 진미로 알려져있다. 러시아산이 유명하다.

*CITES
멸종 위기에 처한 야생동식물의 국제무역에 관한 협약으로 정식 명칭은 'Convention on International Trade in Endangered Species of Wild Fauna and Flora'이고, '워싱턴 협약'이라고도 한다. 세계적으로 멸종 위기에 처한 야생동식물을 포획하고 채취하는 상거래를 규제하여 야생동식물과 생태계를 보호하기 위한 조약이다. 1973년 3월에 워싱턴에서 채택되어 1975년 7월 발효되었다. 우리나라는 1993년 6월에 이 협약에 가입했다.

철갑상어

철갑상어목 | 철갑상어과
몸길이 : 200cm

철갑상어의 서식지인 서울시 한강

○●● 한국 어류에 관한 기록

우리나라 어류에 대한 분류와 분포, 그리고 생태에 대한 과학적인 기록은 주로 19세기 말부터 20세기 초에 외국인들에 의해 이루어졌다. 광복 이후에는 조금씩 한국 학자들에 의해 기록되기 시작했는데, 1975년에 전북대학교 김익수 교수는 참종개를 신종으로 보고하여 이것이 한국 연구자에 의한 최초의 신종 기록이 되었다.

그 이전에는 한국 최초의 어류학서인 정약전의 《자산어보(玆山魚譜)》(1814년)를 비롯하여 《전어지》, 《물명고》 같은 우리나라 조상들에 의해 기술된 기록들이 많이 남아있지만, 아쉽게도 과학적인 형식을 갖추지 못하고 있어서 학계에 인정받고 있지는 못하다. 일부는 중국의 고서를 모방한 것들도 있지만 우수한 기록들이 많이 남아있다.

뱀장어목
Order Anguilliformes

뱀장어과　**뱀장어**

뱀장어 *Anguilla japonica* Temminck and Schlegel, 1846
Japanese eel

방언 : 장어

뱀장어목 | 뱀장어과
몸길이 : 60~100cm

산란 습성	깊은 바다 해구에서 산란한다.
산란 시기	1 2 3 ④ ⑤ ⑥ 7 8 9 10 11 12

- **형태** : 몸은 가늘고 긴 원통형이고, 꼬리는 옆으로 납작하다. 작은 비늘이 있으나 몸에 묻혀 없는 것처럼 보인다. 아래턱이 위턱보다 길다. 배지느러미는 없고 등지느러미와 꼬리지느러미, 뒷지느러미가 서로 연결되어있다.
- **색깔** : 등 쪽은 암갈색 또는 흑갈색이고 배 쪽으로 갈수록 흰색이나 연한 황색을 보인다. 특히 바다로 내려가는 하구에서는 더 짙은 흑색으로 변하고 배 쪽은 짙은 황색을 띤다.
- **생활** : 회유성 물고기로 봄철에 강 하구에 도착한 치어*는 강을 올라가면서 성장한다.
- **식성** : 바다에 사는 유생 시기에 무엇을 먹는지는 알려지지 않았다. 강으로 올라온 후에는 새우, 수서곤충, 실지렁이, 어린 물고기, 죽은 수중 생물 들을 먹는다.
- **분포** : 우리나라 연안으로 흐르는 모든 하천에 서식하는데, 최근 대형 댐이 많이 축조되어 댐 상류에서는 인공 방류가 아니면 분포하지 않는다. 중국, 일본, 대만 같은 해외에도 분포한다.

| 뱀장어목 | 뱀장어과 |
| 몸길이 : 60~100cm |

뱀장어

뱀장어는 크고 작은 강, 호수, 늪, 논 등의 모든 민물에서 서식한다. 따뜻한 물을 좋아하고 민물에서 5~12년간 생활하다 다 자라면 산란을 위해 8~10월에 바다로 내려가 난류를 따라 필리핀과 괌 주변 수심이 5000m 정도 되는 심해에 들어가 알을 낳는다. 부화한 새끼는 렙토세팔루스*라는 유생으로 난류를 따라서 무리를 이루면서 강이나 하천으로 올라온다. 하구에 가까워지면 렙토세팔루스는 변태하여 흰실뱀장어(몸길이 약 5~8cm)가 되어 강으로 오르기 시작한다.

뱀장어는 식용으로 많이 쓰이는 유용한 어류로 인공적인 종묘생산이 이루어지지 않고 있기 때문에 우리나라에서는 2~4월 봄철에 강 하구로 올라오는 어린 치어를 잡아서 양식한다.

뱀장어의 머리 옆부분(위 왼쪽)과 꼬리지느러미(위 오른쪽), 그리고 식용 뱀장어(아래쪽)

*치어(稚魚)

알에서 깬 지 얼마 안 되는 어린 물고기.

*렙토세팔루스(leptocephalus)

뱀장어의 어린 치어를 일컫는 말로 모양이 버들잎처럼 생겨 '버들잎뱀장어'라고도 한다.
뱀장어 알은 지름이 약 1mm 정도이며 수정된 알은 2~3일 후에 부화한다. 알에서 막 깨어난 새끼는 투명하며 납작한 모양으로 변하는데, 어미 뱀장어와는 모양이 달라 다른 물고기 종류로 취급되어 '렙토세팔루스'라는 이름이 주어졌다.
렙토세팔루스는 부화 후 바다 깊은 곳에서 표면으로 서서히 올라와 해류를 따라 수개월 동안 연안으로 이동하는데, 대륙붕에 도착할 무렵에는 몸이 잎새 모양에서 원통형으로 바뀌면서 바다 밑으로 가라앉는다. 우리나라로 이동하는 렙토세팔루스는 쓰시마 해협을 거치게 되면 변태하고, 해안에 다다를 무렵에는 5~7cm 길이까지 자라며 봄철에 서해안과 남해안의 강 하구에 도달한다.

뱀장어

뱀장어목 | 뱀장어과
몸길이 : 60~100cm

뱀장어의 서식지인 경기도 파주시 문산읍

전라북도 고창군 인천강 하구의 실뱀장어 포획 시설

잉어목
Order Cypriniformes

잉어과	잉어아과	잉어 · 이스라엘잉어 · 붕어
잉어과	납자루아과	흰줄납줄개 · 한강납줄개 · 각시붕어 · 떡납줄갱이 · 납자루 · 묵납자루 · 칼납자루 · 임실납자루 · 줄납자루 · 큰줄납자루 · 납지리 · 큰납지리 · 가시납지리
잉어과	모래무지아과	참붕어 · 돌고기 · 감돌고기 · 가는돌고기 · 쉬리 · 새미 · 참중고기 · 중고기 · 줄몰개 · 긴몰개 · 몰개 · 참몰개 · 점몰개 · 누치 · 참마자 · 어름치 · 모래무지 · 버들매치 · 왜매치 · 꾸구리 · 돌상어 · 흰수마자 · 돌마자 · 됭경모치 · 배가사리
잉어과	황어아과	황어 · 연준모치 · 버들치 · 버들개 · 금강모치
잉어과	피라미아과	왜몰개 · 갈겨니 · 참갈겨니 · 피라미 · 끄리 · 눈불개
잉어과	강준치아과	치리
	종개과	종개 · 대륙종개 · 쌀미꾸리
	미꾸리과	미꾸리 · 미꾸라지 · 새코미꾸리 · 얼룩새코미꾸리 · 참종개 · 부안종개 · 미호종개 · 왕종개 · 남방종개 · 동방종개 · 기름종개 · 점줄종개 · 줄종개 · 북방종개 · 수수미꾸리 · 좀수수치

| 잉어 | *Cyprinus carpio* LINNAEUS, 1758
Carp, Common carp 방언 : 잉에, 이어 | 잉어목 l 잉어과 l 잉어아과
몸길이 : 30~80cm |

산란 습성	얕은 물가 수초에 산란하고 수컷들이 떼 지어 암컷을 좇는다.
산란 시기	1 2 3 ④ ⑤ ⑥ ⑦ 8 9 10 11 12

| 형태 | 몸이 비교적 길고 옆으로 납작하지만 붕어보다 체고(몸높이)가 낮다. 주둥이는 둥글고 입은 아래로 향해 있다. 두 쌍의 입수염이 있는데 뒤의 것이 굵고 길다. 비늘은 크고 빡빡하게 배열되어 있다. 옆줄이 뚜렷하며 등지느러미의 경사가 완만하고 앞부분이 솟아있다.
| 색깔 | 등 쪽은 녹갈색이며 배 쪽은 옅은 갈색이다. 등지느러미와 꼬리지느러미는 좀 더 색이 진하고 다른 지느러미는 옅다.
| 생활 | 수량이 많은 큰 강이나 댐, 호수, 저수지에 사는데, 환경 적응력이 뛰어나다. 수온이 낮은 시기에는 깊은 곳으로 들어간다. 수온이 15℃가 넘을 때 주로 먹이를 먹는다.
| 식성 | 잡식성으로 부착조류, 조개, 수서곤충, 갑각류, 실지렁이, 유기물 들을 먹는다.
| 분포 | 우리나라 전역의 하천, 댐, 호수에 분포하고 아시아와 유럽에도 분포한다.

| 잉어목 | 잉어과 | 잉어아과 |
| 몸길이 : 30~80cm |

잉어

잉어 머리의 앞모습(왼쪽)과 옆모습(오른쪽)

붕어와 비슷하나 붕어보다 몸이 약간 길고 등이 낮다. 붕어는 입수염이 없는 반면 잉어는 두 쌍의 입수염이 있다. 예로부터 잉어는 민물고기를 대표하는 물고기로 알려져 왔고 현대에도 식용, 약용, 관상용, 낚시용으로 널리 이용되고 있다. 각 이용 목적에 따라 품종개량이 이루어졌으며 그 대표적인 예로는 식용인 이스라엘잉어(향어), 관상용인 비단잉어 들이 있다. 최근 중국산 교잡* 잉어가 수입되고 있어 토종 잉어의 유전자 교란이 우려되고 있다.

연못에 사는 비단잉어

*교잡(交雜, cross hybridization)

잡종 형성을 목적으로 하는 교배를 말한다. 좁은 뜻으로는 특정한 유전자나 그 대립 유전에 관하여 각기 동형(호모)인 두 개체 사이의 교배를 가리키는데, 일반적으로는 유전적 구성이 다른 개체 사이의 교배에 이 용어를 사용한다.

잉어와 형태가 비슷한 붕어의 등지느러미. 잉어보다 경사가 급하다.

잉어

| 잉어목 | 잉어과 | 잉어아과 |
| 몸길이 : 30~80cm |

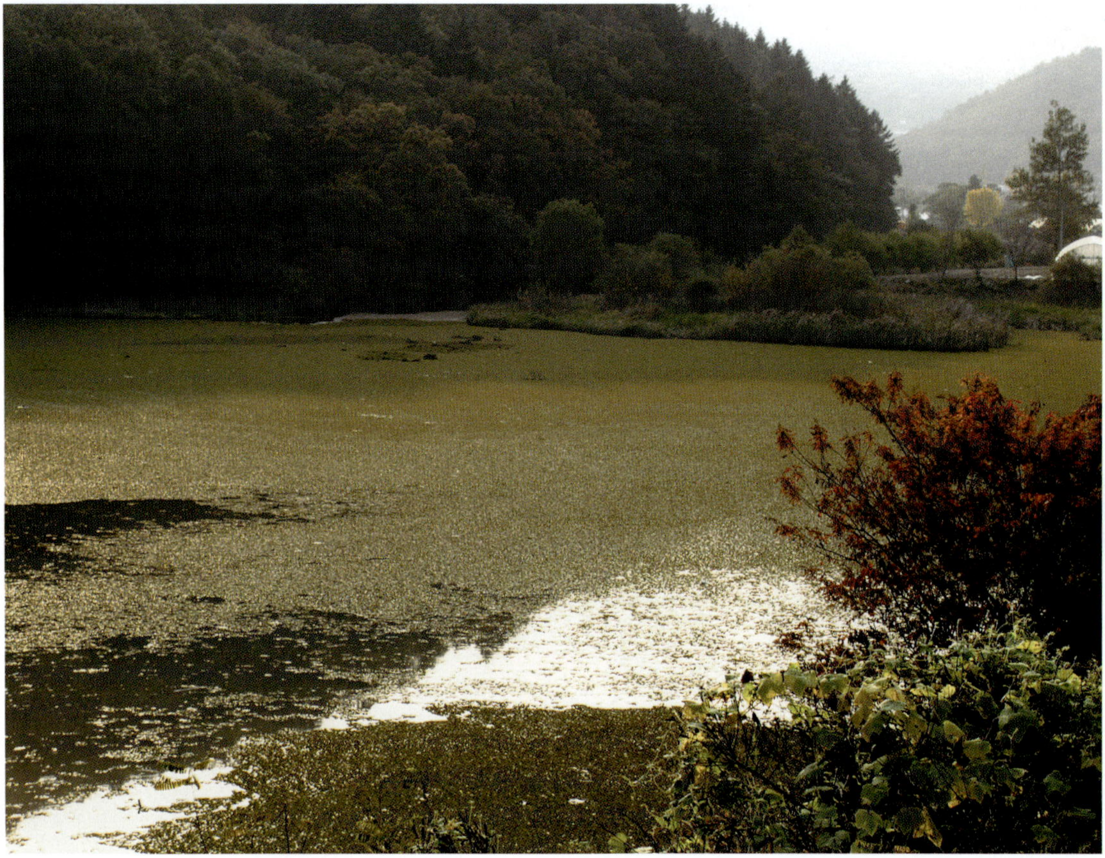

잉어의 서식지인 경기도 광주시 퇴촌면

붕어, 이스라엘잉어 　　　닮은꼴 물고기

붕어　039

이스라엘잉어　037

| 잉어목 | 잉어과 | 잉어아과 *Cyprinus carpio* LINNAEUS, 1758
몸길이 : 50~100cm Islaeli carp 방언 : 향어 # 이스라엘잉어

| 산란 습성 | 암수가 수초에 집단으로 산란하여 알을 붙인다. 외래 도입종
| 산란 시기 | 1 2 3 4 ⑤ ⑥ ⑦ 8 9 10 11 12

- | 형태 | 잉어와 체형이 비슷하지만 체고가 높고 몸통이 더 퉁퉁하다. 비늘이 몸의 가운데나 가장자리에만 있거나 거의 없는 경우도 있다.
- | 색깔 | 잉어와 비슷하지만 등 쪽은 황갈색 또는 흑갈색이고, 배쪽은 연한 황색 또는 미색이다.
- | 생활 | 자연 서식하는 수는 적다. 이것은 양식 대상어로 품종개량한 탓에 자연 산란이 어렵기 때문인 것으로 추정한다.
- | 식성 | 잡식성으로 부착 조류, 유기물, 조개, 수서곤충, 갑각류, 실지렁이 들을 먹는다.
- | 분포 | 댐과 호수 같은 곳에서 이루어지는 가두리 양식 대상어로 우리나라에 도입되었고, 전 세계적으로 양식되고 있다.

이스라엘잉어

잉어목 | 잉어과 | 잉어아과
몸길이 : 50~100cm

잉어

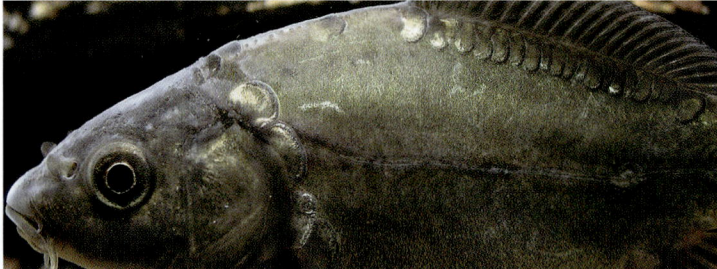

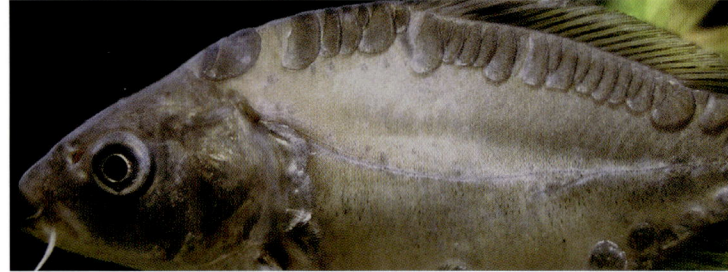

이스라엘잉어. 등비늘이 없는 것(위쪽)과 있는 것(아래쪽)

이스라엘잉어는 독일산 잉어를 원종으로 이스라엘에서 처음 개량한 물고기이다. 우리나라에는 1973년에 양식을 위해 이스라엘로부터 1000마리가 도입되어 시험 증식을 거친 후 1978년부터 전국의 댐, 호수에서 가두리양식을 시작하였다.

성장이 빠르고 맛이 좋아 식용으로 가장 많이 양식되었다. 도입국 이름을 따서 '이스라엘잉어'라고 하였으나 '향어'라고 부르기도 한다. 방류되거나 양식지를 이탈한 것들이 자연에서 발견되고 있다.

잉어, 붕어 | 닮은꼴 물고기

잉어 034

붕어 039

| 잉어목 | 잉어과 | 잉어아과 *Carassius auratus* (LINNAEUS, 1758) 방언 : 붕에 # 붕어
몸길이 : 20~40cm **Crucian carp**

| 산란 습성 | 물가의 수초에 암컷이 알을 부착하면 수컷이 방정한다.
| 산란 시기 | 1 2 3 ④ ⑤ ⑥ ⑦ 8 9 10 11 12

- | 형태 | 몸은 긴 타원형이고 옆으로 납작하다. 잉어보다는 체고가 높다. 주둥이는 둥글고 입은 작으며 앞으로 향해 있다. 입수염은 없다. 비늘은 28~30개 정도 있는데 크기가 큰 편이다. 옆줄이 뚜렷하다. 등지느러미는 잉어보다는 경사가 고르고 그 정도가 급하다.
- | 색깔 | 등 쪽은 녹갈색이고 배 쪽은 옅은 갈색이다. 등지느러미와 꼬리지느러미는 잉어보다 비교적 투명하다.
- | 생활 | 물 흐름이 느린 하천의 중하류나 댐, 호수, 저수지, 농수로에서 산다. 환경에 대한 적응력이 뛰어나다.
- | 식성 | 잡식성으로 유기물, 동물성 플랑크톤, 실지렁이, 수서곤충 따위를 먹는다.
- | 분포 | 우리나라 전 지역에 고루 분포하고 아시아와 유럽에도 분포한다.

붕어

잉어목 | 잉어과 | 잉어아과
몸길이 : 20~40cm

붕어와 형태가 비슷한 잉어의 등지느러미. 등지느러미 앞쪽에 봉우리가 깊다.

붕어의 머리 옆모습(위쪽)과 앞모습(아래쪽). 잉어와 달리 입수염이 없다.

붕어는 서식 환경에 따라 몸 빛깔이 다르게 나타난다. 흐르는 물에 사는 것은 녹갈색, 고인 물에 사는 것은 황갈색을 띤다. 등지느러미는 잉어보다 길고 경사가 급하다. 또한 눈동자가 잉어에 비해 크고 지역에 따라 차이가 많지만 10년 넘게 자라면 30cm 정도로 성장한다. 지방에서는 돌붕어, 희나라, 참붕어라고 부르기도 한다. 잉어와는 달리 입수염이 없다.

식용과 약용, 관상용, 낚시용으로 쓰이는데, 관상용 금붕어는 붕어를 품종개량한 것이다. 최근 중국 붕어가 다량으로 수입되고 있는데, 이 가운데 상당수가 하천으로 유입되어 토종 붕어의 유전자 교란이 우려되고 있다. 중국 붕어는 토종 붕어보다 크고 등이 높다.

○●● 중국산, 일본산 붕어

우리나라 붕어는 하천 중하류와 저수지에서 우점종으로 서식하고 있었지만 약용, 식용, 그리고 낚시용으로 많이 이용되면서 자원이 급격히 감소되었다. 이로 인해 부족한 양은 중국에서 대량으로 수입되고 있다. 최근 중국에서 수입되는 붕어는 1종이 아니고 2종 이상이며 특히 양식으로 길러져 수입되는 붕어는 오랜 기간 품종 개량되어 성장이 빠른 집단이다. 학명은 똑같이 '*Carassius auratus*'를 쓰지만 우리나라 붕어와는 유전적으로 차이가 있다.
일본에 분포하는 붕어는 우리나라에도 도입된 떡붕어인 '*Carassius cuveri*'와 붕어 2종이 분포하지만 붕어(*Carassius auratus*)는 3~4개 아종으로 분류하고 있고, 각 아종들의 형태 · 분포 · 생태적인 차이에 대한 많은 연구 결과가 있어서 앞으로 우리나라에 분포하는 붕어와도 비교 검토가 필요하다.

잉어목 I 잉어과 I 잉어아과		붕어
몸길이 : 20~40cm		

붕어의 서식지인 경기도 용인시

닮은꼴 물고기   잉어, 이스라엘잉어

잉어 034

이스라엘잉어 037

흰줄납줄개 *Rhodeus ocellatus* (KNER, 1867) / Rose bitterling

방언 : 망성어

잉어목 | 잉어과 | 납자루아과
몸길이 : 6~8cm

| 산란 습성 | 민물조개의 몸속에 암컷이 산란하고 수컷이 방정한다. |
| 산란 시기 | 1 2 3 ④ ⑤ ⑥ ⑦ ⑧ 9 10 11 12 |

- **형태** 몸은 타원형이고 옆으로 많이 납작하며 체고가 아주 높다. 등은 동그랗고 주둥이는 앞으로 튀어나왔는데, 입은 작고 눈은 비교적 크며 입수염이 없다. 옆줄은 불완전하다.
- **색깔** 등 쪽은 푸른빛이 나는 갈색에 배 쪽은 옅다. 몸 중앙부에서 꼬리지느러미 시작 부분까지 앞과 끝에 뾰족한 청색 가로줄이 있다. 수컷은 산란기에 지느러미를 비롯한 몸 전체에 화려한 다홍색 빛깔을 띤다.
- **생활** 물 흐름이 느리고 수초가 많은 하천의 중·하류나 호수, 저수지 등에서 산다. 암컷은 긴 산란관을 이용하여 말조개와 같은 대형 민물조개에 알을 낳는다.
- **식성** 잡식성으로 수서곤충, 실지렁이 같은 동물성, 규조류 같은 식물성을 고루 먹고 산다.
- **분포** 동해안으로 흐르는 하천을 제외한 전국 하천과 호수, 그리고 일본, 중국에도 분포한다. 일본 종은 별도의 아종(亞種)으로 분류되며 북한 지역에도 사는 것으로 추정된다.

잉어목 | 잉어과 | 납자루아과
몸길이 : 6~8cm

흰줄납줄개

흰줄납줄개는 형태가 각시붕어와 비슷하여 혼동하기 쉽다. 그러나 흰줄납줄개는 각시붕어보다 등이 더 둥그렇고 주둥이가 앞으로 튀어나와있으며 입이 아주 작다. 그리고 몸통이 더 옆으로 납작하다. 산란기에는 수컷의 몸에 다홍색이 많이 나타나 화려해지고, 암컷은 항문 뒤에 산란관을 길게 늘어뜨리고 다니다가 민물조개의 몸속에 산란한다. 자연 서식할 때는 암수가 일대일 산란을 하지만, 수조 안에서는 집단 산란 행동을 하는 모습도 관찰된다.

○ ● ● **금강산과 일본의 흰줄납줄개**

흰줄납줄개는 중국과 우리나라에 동일한 아종인 *R. ocellatus ocellatus*가 분포하고, 일본에는 고유 아종인 *R. ocellatus kurumeus*와 우리나라와 중국에서 이식된 *R. ocellatus ocellatus*가 함께 서식한다. 그러나 두 아종이 같은 수역에 분포하면서 잡종이 출현하기도 하여, 지금은 *R. ocellatus kurumeus*를 보호종으로 지정하여 보호하고 있다.
그런데 2004년과 2005년 금강산 삼일포를 조사하던 중 이곳에 일본산 고유 아종인 *R. ocellatus kurumeus*가 서식하고 있는 것이 확인되었으나, 북측의 표본 반출 허가가 없어 정밀한 조사가 이루어지고 있지는 않지만 촬영된 모양으로 보면 *R. ocellatus kurumeus*가 확실하여 정밀 조사가 필요하다.

흰줄납줄개(위 왼쪽)와 각시붕어(위 오른쪽). 흰줄납줄개 몸통이 각시붕어보다 옆으로 더 납작하여 여리게 보인다.
2004~2005년에 일본산 고유 아종이 발견된 금강산 삼일포(아래쪽).

금강산 삼일포에 서식하는 흰줄납줄개   일본산 흰줄납줄개

흰줄납줄개

잉어목 l 잉어과 l 납자루아과
몸길이 : 6~8cm

한강납줄개

떡납줄갱이

각시붕어

●○ 납줄개 종류 체형 비교

흰줄납줄개

흰줄납줄개는 다른 납줄개 종류 물고기에 비해 주둥이가 튀어나와 있고 등 곡선이 급하게 휘며 동그랗다.

| 잉어목 l 잉어과 l 납자루아과 |
| 몸길이 : 6~8cm |

흰줄납줄개

흰줄납줄개의 서식지인 경기도 용인시

닮은꼴 물고기 한강납줄개, 각시붕어, 떡납줄갱이

한강납줄개 046

각시붕어 048

떡납줄갱이 052

| 한강납줄개 | *Rhodeus pseudosericeus* A<small>RAI</small>, J<small>EON</small> and U<small>EDA</small>, 2001
Hangang bitterling | 방언 : 아무르망성어 | 잉어목 I 잉어과 I 납자루아과
몸길이 : 5~9cm |

| 산란 습성 | 민물조개의 몸속에 암컷이 산란하고 수컷이 방정한다. |
| 산란 시기 | 1 2 3 ④ ⑤ ⑥ 7 8 9 10 11 12 |

°대한민국 고유종

- **형태** : 몸은 타원형이고 옆으로 납작하다. 체고가 아주 높다. 주둥이는 앞으로 나와있지만 등 곡선과 거의 일치한다. 입은 작은데 약간 위로 향해 있고, 입수염은 없다. 옆줄은 완전하다. 비늘은 크고 바깥쪽으로 검은 색소가 침착된 띠가 있다.
- **색깔** : 등 쪽은 어두운 회갈색이며 배 쪽은 은갈색이다. 몸 중앙부에서 꼬리지느러미 시작 부분까지 앞과 끝이 뾰족한 청색 가로줄무늬가 있다. 등지느러미와 뒷지느러미의 시작 부분이 검은색을 띤다. 산란기에 수컷은 전체적으로 검은빛이 더 강해진다.
- **생활** : 물 흐름이 느리고 수초가 많은 하천의 중류나 호수, 저수지 등에서 산다.
- **식성** : 잡식성으로 물속의 작은 동물과 식물, 유기물을 먹고 산다.
- **분포** : 남한강 상류 지역, 강원도 횡성 수계, 횡성댐 등지에 제한적으로 분포한다.

잉어목 | 잉어과 | 납자루아과
몸길이 : 5~9cm

한강납줄개

한강납줄개(왼쪽), 흰줄납줄개(가운데), 각시붕어(오른쪽)의 홍채. 한강납줄개는 다른 납줄개 종류보다 색이 더 검다.

한강납줄개는 각시붕어와 비슷하지만 비늘이 고르지 않고 검은 색소가 있어 어두운 빛을 띤다. 홍채에도 검은색이 더 많고 청색 가로줄 끝이 뾰족하다. 산란기에 수컷은 흰줄납줄개나 각시붕어보다 덜 화려한 편이고, 암컷은 산란관을 길게 늘어뜨리고 다니다가 작은 말조개의 몸속에 산란한다. 유럽과 시베리아에 사는 납줄개와는 달리 붉은빛 혼인색이 없고 검은 색만 있다. 납줄개로 알려져있다가 2001년에 신종으로 기재되었다.

한강납줄개의 서식지인 강원도 횡성군 공근면

닮은꼴 물고기
흰줄납줄개, 각시붕어, 떡납줄갱이

흰줄납줄개 042

각시붕어 048

떡납줄갱이 052

• 한강납줄개는 전 세계에서 대한민국에만 분포하는 고유종이다.

각시붕어 *Rhodeus uyekii* (MORI, 1935)
Korean rose bitterling

방언 : 남방돌납저리

잉어목 | 잉어과 | 납자루아과
몸길이 : 4~5cm

산란 습성	민물조개의 몸속에 암컷이 산란하고 수컷이 방정한다.
산란 시기	1 2 3 4 ⑤ ⑥ ⑦ 8 9 10 11 12

*대한민국 고유종

- **형태** | 몸은 긴 타원형이고 옆으로 납작하다. 체고는 그리 높지 않고 주둥이는 앞으로 나와있지만 등 곡선과 거의 일치한다. 입은 작고 약간 아래로 향해 있으며 입수염은 없다. 눈은 비교적 크다.
- **색깔** | 등 쪽은 청갈색, 배 쪽은 은백색이다. 아가미 뒤 위쪽으로 파란 점이 뚜렷한데, 그 뒤쪽으로 파랗고 굵은 줄무늬가 위에서 아래로 있다. 몸 중앙부에서 꼬리지느러미 시작 부분까지 파란색 가로줄무늬가 있다. 등지느러미와 뒷지느러미 끝 부분, 그리고 꼬리지느러미 가운데 부분에 주황색 무늬가 있는데, 수컷은 산란기에 이 색이 더욱 선명하고 화려해진다.
- **생활** | 물 흐름이 느리고 수초가 많은 얕은 하천이나 저수지에서 집단을 이루어 산다.
- **식성** | 돌 위에 붙어있는 부착 조류(藻類)나 수초, 동물성 플랑크톤, 유기물을 먹고 산다.
- **분포** | 서해와 남해로 흐르는 하천이나 농수로, 저수지 등지에 분포한다.

잉어목 l 잉어과 l 납자루아과		각시붕어
몸길이 : 4~5cm		

산란 직전 산란관을 길게 늘어뜨린 각시붕어 암컷

　각시붕어는 새색시처럼 예쁘고 화려하다 해서 각시붕어라고 부른다. 납줄개속(屬) 가운데서도 체색이 가장 화려하다. 흰줄납줄개, 한강납줄개와는 달리 꼬리지느러미 가운데에 주황색 띠가 있고, 아가미 뒤쪽으로 파란 점이 있다. 또한 파란색 가로줄의 끝이 굵고 수컷은 뒷지느러미 끝에 검은색 띠가 있어 다른 납줄개 종류와 차이를 보인다.

　산란기에 수컷은 암컷에게 다가가 몸을 가볍게 흔들며 유인 행동을 한다. 대한민국 고유종이지만 일본에서 관상어로 관심이 높다.

각시붕어

잉어목 | 잉어과 | 납자루아과
몸길이 : 4~5cm

각시붕어의 산란 과정. 왼쪽 위부터 시계 방향으로 ① 수컷이 조개의 출수공을 관찰한다 ② 암컷을 데려와 함께 관찰한다 ③ 막 산란한 암컷 ④ 방정하기 위해 접근하는 수컷 ⑤ 산란 장소인 말조개

○●● 각시붕어는 왜 민물조개의 몸속에 알을 낳을까?

물고기는 대부분 돌이나 수초에 알을 붙인다. 알 표면에는 끈끈한 성분이 있어 물체에 한번 붙으면 물살에 떠내려가지 않고 그 수가 많아서 일부가 다른 물고기에 먹히더라도 번식하는 데 큰 지장이 없다. 그러나 각시붕어 알은 점성이 없고 수도 적기 때문에 안전한 번식 방법을 택하는데, 그것은 민물조개의 몸속에 알을 낳고 부화시키는 것이다. 조개가 물을 빨아들이는 기관을 입수공(②), 내보내는 기관을 출수공(①)이라고 하는데, 암컷은 알을 입수공으로 넣으면 그것이 조개의 복강으로 들어가기 때문에 산란관을 정확히 출수공에 밀어넣고 알을 낳는다. 이때 수컷이 재빠르게 뒤따라 방정을 하여 수정시키고, 민물조개도 일부 각시붕어의 알을 뱉어내지만 자기 알을 내뿜어 각시붕어 몸에 붙게 해 자손을 널리 퍼뜨린다. 조개의 몸속에서 안전하게 부화한 각시붕어 치어들은 약 28일 정도가 지나 자유로이 유영할 때쯤 조개의 몸 밖으로 나온다.

말조개의 입수공(②)과 출수공(①)

| 잉어목 | 잉어과 | 납자루아과 |
| 몸길이 : 4~5cm |

각시붕어

각시붕어의 서식지인 경기도 양평군 강하면

닮은꼴 물고기 흰줄납줄개, 한강납줄개, 떡납줄갱이

흰줄납줄개 042

한강납줄개 046

떡납줄갱이 052

• 각시붕어는 전 세계에서 대한민국에만 분포하는 고유종이다.

| 떡납줄갱이 | *Rhodeus notatus* Nichols, 1929 | 잉어목 | 잉어과 | 납자루아과 |
| | 방언 : 돌납저리 | 몸길이 : 4~5cm |

| 산란 습성 | 민물조개의 몸속에 암컷이 산란하고 수컷이 방정한다. |
| 산란 시기 | 1 2 3 ④ ⑤ ⑥ ⑦ 8 9 10 11 12 |

- **형태** • 몸은 긴 타원형이고 옆으로 납작하다. 체고는 그다지 높지 않다. 주둥이는 앞으로 나와있고 입은 작으며 약간 아래로 향해 있다. 입수염은 없고 눈은 비교적 크다.
- **색깔** • 등 쪽은 담갈색이고 배 쪽은 은갈색이다. 아가미 뒤 위쪽으로 파란 점이 있다. 몸 중앙에는 파란색 가로줄무늬가 있는데, 등지느러미 훨씬 앞쪽부터 꼬리지느러미 시작 부분까지 이어진다. 등지느러미 앞부분에는 검은색 무늬가 있다.
- **생활** • 물 흐름이 느리고 수초가 많은 얕은 하천이나 농수로, 연못, 저수지 등에서 산다.
- **식성** • 잡식성으로 수초나 돌 위에 붙어 있는 부착조류나 동물성 플랑크톤을 먹고 산다.
- **분포** • 서해와 남해로 흐르는 하천과 저수지, 농수로 연못 등에 분포한다. 시베리아와 중국에도 분포한다.

| 잉어목 | 잉어과 | 납자루아과 |
| 몸길이 : 4~5cm |

떡납줄갱이

떡납줄갱이 암컷

맨 위쪽부터 차례대로 흰줄납줄개, 한강 납줄개, 각시붕어

떡납줄갱이는 우리나라에 사는 납줄개속(屬) 물고기 중에 체구가 가장 작다. 흰줄납줄개나 각시붕어보다 체형이 훨씬 긴 타원형이고 눈도 가장 크다. 몸 중앙에 있는 파란색 가로줄무늬도 가장 길다. 중국과 일본에도 유사한 종이 살고 있다.

○●● 물고기의 감각기관, 옆줄

물고기의 감각기관 중에 가장 중요한 기관은 옆줄(측선, lateral line)이다. 물고기들은 대부분 몸 옆면 중앙에 한 줄씩 옆줄이 있는데, 이것이 아예 없거나 2줄 이상 또는 그물 모양으로 있는 물고기도 있다. 옆줄은 각각 종에 따라 특이성이 있어서 비슷한 물고기를 분류하는 데 중요한 형태적 특징이 되고 있다. 비늘 중앙에 구멍이 나있는데, 여기에 감각세포가 연결되어있어서 수온과 수심, 그리고 그에 따른 압력 따위를 느끼게 한다. 비늘이 없는 물고기는 온몸에 감각을 담당하는 구멍이 발달되어있고, 이것은 머리 부분에 가장 많이 있다.
이에 비해 가로줄무늬는 옆줄과는 다른 것으로 감각을 인지하는 기능은 없고 단순히 물고기 몸에 있는 특징만 나타난다. 이 가로줄무늬는 등 쪽에서 배 쪽으로 난 무늬를 지칭하기도 하지만, 이 책에서는 주둥이부터 꼬리 방향으로 난 무늬를 가로줄무늬라 하였다.

떡납줄갱이

●○ 납줄개 종류 가로줄무늬와 지느러미 비교

떡납줄갱이

잉어목 | 잉어과 | 납자루아과
몸길이 : 4~5cm

떡납줄갱이의 서식지인 충북 청원군 초평면

흰줄납줄개, 한강납줄개, 각시붕어　　　닮은꼴 물고기

흰줄납줄개　042

한강납줄개　046

각시붕어　048

| 잉어목 | 잉어과 | 납자루아과 | *Acheilognathus lanceolatus* (TEMMINCK and SCHLEGEL, 1846) | 납자루 |
| 몸길이 : 5~9cm | Slender bitterling 방언 : 끝납저리 | |

| 산란 습성 | 민물조개의 몸속에 암컷이 산란하고 수컷이 방정한다. |
| 산란 시기 | 1 2 3 ④ ⑤ ⑥ 7 8 9 10 11 12 |

| 형태 | 몸은 긴 타원형이고 옆으로 납작하다. 체고는 그다지 높지 않다. 주둥이는 앞으로 나와있고 입은 작으며 약간 아래로 향해 있다. 입 양쪽에 비교적 긴 입수염이 있다. 눈은 큰 편이다.
| 색깔 | 등 쪽은 청갈색이며 배 쪽은 은백색이다. 몸 가운데 뒤쪽으로 희미하게 파란색 가로줄무늬가 있다. 등지느러미 위쪽 앞부분은 선홍색 무늬가 있고, 뒷지느러미 바깥 부분에는 굵은 선홍색 띠가 있다. 산란기에 수컷의 몸은 연한 붉은색을 띠는데 산란기가 끝나면 바로 없어진다. 납자루아과(亞科) 물고기 중에서 체색이 가장 단순하다.
| 생활 | 물 흐름이 빠르고 수심이 얕으며 바닥에 자갈이 많이 깔린 상류에서 많이 발견되지만, 모래와 펄로 이루어져있고 수심이 깊은 중하류 하천에서도 발견된다.
| 식성 | 잡식성으로 부착 조류나 수서곤충을 먹고 산다.
| 분포 | 서해와 남해로 흐르는 하천에 서식한다. 일본에도 분포한다.

납자루

잉어목 | 잉어과 | 납자루아과
몸길이 : 5~9cm

중부 지방(왼쪽)과 남부 지방(오른쪽)에 사는 납자루 뒷지느러미의 선홍색 띠

　납자루는 몸이 담청색이고 납자루아과(亞科) 물고기 가운데 몸색이 가장 균일하고 옅다. 뒷지느러미 끝에 두께가 일정한 선홍색 띠가 있어 다른 납자루아과 물고기들과 구분하기가 쉽다. 또한 납자루아과 중에서도 등 높이가 비교적 낮고 몸이 길다. 수컷은 산란기에 붉은빛을 띤다. 하천 상류에서 중하류까지 폭넓게 서식한다. 일본에 서식하는 납자루는 산란기 수컷의 몸색과 알 모양이 우리나라 납자루와 차이를 보인다.

산란기 납자루 수컷

| 잉어목 | 잉어과 | 납자루아과 |
| 몸길이 : 5~9cm |

납자루

납자루의 서식지인 충청남도 공주시 의당면

닮은꼴 물고기 줄납자루, 가시납지리

줄납자루 068

가시납지리 077

묵납자루 *Acheilognathus signifer* Berg, 1907
Korean bitterling

방언 : 청납저리   잉어목 | 잉어과 | 납자루아과   몸길이 : 7~10cm

| 산란 습성 | 민물조개의 몸속에 암컷이 산란하고 수컷이 방정한다. |
| 산란 시기 | 1 2 3 4 **5 6** 7 8 9 10 11 12 |

*대한민국 고유종
멸종위기야생동식물 Ⅱ급

- **형태** | 몸은 타원형이고 옆으로 납작하다. 주둥이는 앞으로 튀어나와있고 입은 작으며 밑으로 향해 있다. 한 쌍의 입수염이 있다. 체고가 높으며 등 곡선이 급하게 휜다. 등지느러미는 크고 풍성하다. 눈은 비교적 큰 편이며 비늘이 고르고 빽빽하게 배열되어있다.
- **색깔** | 등 쪽은 푸른 갈색, 배 쪽은 황갈색이다. 등지느러미는 시작 부분에서 바깥쪽 중간 지점까지는 몸색과 비슷하고 그 이후로 노란색 띠가 넓게 있으며 짙은 갈색 테두리가 형성되어 있다. 뒷지느러미는 암수 차이가 있다.
- **생활** | 물 흐름이 느리며 바닥에 진흙과 자갈이 있는 얕은 하천의 수초 지대, 여울이 끝나는 소(沼) 지역에 산다. 다른 납자루아과 물고기보다 비교적 상류 쪽에 서식한다.
- **식성** | 잡식성으로 부착 조류나 수서곤충을 먹고 산다.
- **분포** | 남한의 한강과 임진강, 북한의 대동강과 압록강에 분포한다.

| 잉어목 | 잉어과 | 납자루아과 |
| 몸길이 : 7~10cm |

묵납자루

묵납자루
등의 곡선이 급하게 휘며 등지느러미 바깥쪽으로 노란색 띠가 넓게 퍼져있다.

납자루
등의 곡선이 완만하며 등지느러미 바깥쪽 윗부분이 붉은색이다.

칼납자루
등의 곡선이 완만하며 등지느러미 바깥쪽으로 옅은 갈색 띠가 있다.

● ○ 납자루 종류 체형과 색깔 비교

○ ● ● 물고기 몸색과 색소포

물고기는 각기 고유의 아름다운 빛깔과 무늬를 지니고 있다. 산란기에 민물고기 수컷은 대부분 몸색이 더욱 짙어지고 빛깔이 아름답게 변하는데, 이것을 '혼인색'이라고 한다.

물고기의 피부 속에는 몇 가지의 색소포(色素胞)가 들어있다. 색소포는 자율신경과 호르몬의 영향으로 색깔과 무늬를 나타내거나 변화시키는데, 체색이 검정색인 것은 멜라닌을 함유하고 있는 흑색소포, 빨간색은 적색소포, 노란색은 황색소포에서 각각 발현한다. 또 황색과 적색에 관계하는 프테린이라는 색소포와 백색소포[光彩細胞](광채세포)도 있다. 구아닌이나 퓨린 등을 함유하고 있는 백색소포는 빛의 반사나 굴절에 의해서 여러 가지 색채를 발현한다.

묵납자루

잉어목 | 잉어과 | 납자루아과
몸길이 : 7~10cm

대형 묵납자루
묵납자루는 몸길이(전장)가 평균 5~7cm 정도이지만 강원도 일부 지역에서는 10~13cm 정도로 몸집이 큰 것들이 집단으로 발견된다.

    묵납자루는 칼납자루에 비해서 등 외곽선이 머리 부분과 만나는 곳에서 급격하게 휜다. 등지느러미가 납자루아과(亞科) 물고기 중에서 가장 크고 풍성하다. 암컷의 산란장인 민물조개(주로 애기말조개)를 둘러싼 수컷들 사이의 세력권 다툼이 심하다.
    산란기에 수컷의 주둥이 끝에는 추성*인 흰색 돌기가 뚜렷하게 생긴다. 2005년 2월 시행된 야생동식물보호법에 의해 '멸종위기야생동식물 Ⅱ급'으로 지정되어 보호되고 있다.

*추성(追星)
산란기 물고기에 나타나는 2차성징. 물고기 종류에 따라 각기 다르게 나타난다. 잉어과 어류의 경우 수컷은 대부분 산란기가 되면 머리, 지느러미, 몸의 피부 표피가 두꺼워지면서 마치 사마귀 같은 돌기가 나타나는데, 이것을 추성이라 부른다.

| 잉어목 l 잉어과 l 납자루아과 |
| 몸길이 : 7~10cm |

묵납자루

묵납자루의 서식지인 강원도 평창군 봉평읍

닮은꼴 물고기 칼납자루, 임실납자루

칼납자루 062

임실납자루 065

* 묵납자루는 전 세계에서 대한민국에만 분포하는 고유종이다.

| 칼납자루 | *Acheilognathus koreensis* Kim and Kim, 1990
Oily bitterling 방언 : 기름납저리 | 잉어목ㅣ잉어과ㅣ납자루아과
몸길이 : 6~8cm |

| 산란 습성 | 민물조개의 몸속에 암컷이 산란하고 수컷이 방정한다. | *대한민국 고유종 |
| 산란 시기 | 1 2 3 ④ ⑤ ⑥ 7 8 9 10 11 12 | |

| 형태 | 몸은 타원형이며 옆으로 납작하다. 주둥이가 둥글고 입은 작은데 밑으로 향해 있다. 입수염이 양 옆으로 나있다. 눈은 비교적 크고 체고가 높으며 등 곡선은 동그랗게 휘었다. 묵납자루보다 등지느러미는 작고 꼬리지느러미 끝은 뾰족하다. 비늘은 고르게 배열되어있다.
| 색깔 | 몸은 짙은 갈색인데 등 쪽이 더 짙고 배 쪽은 옅다. 아가미 뒤쪽 옆줄이 지나는 4, 5번째 비늘 색이 짙어 어두운 점을 이룬다. 등지느러미 시작 부분은 짙은 갈색이고 바깥쪽은 누런색과 검은색 띠가 있다. 뒷지느러미는 적색과 검은색 띠가 두 번 반복되어 형성된다. 산란기 수컷의 몸은 짙은 청갈색이며 암컷은 수컷에 비해 작고 몸색은 연하다.
| 생활 | 물 흐름이 느리며 평평하고 바닥에 진흙과 자갈이 있는 얕은 하천의 수초 지대에 산다.
| 식성 | 잡식성으로 부착 조류나 수서곤충을 먹고 산다.
| 분포 | 금강 이남의 서해와 남해로 흐르는 하천에 분포한다.

잉어목 | 잉어과 | 납자루아과
몸길이 : 6~8cm

칼납자루

칼납자루는 몸에 특별한 반점이 없는 것으로 알려져있지만, 아가미 뒤쪽으로 옆줄이 지나는 4, 5번째 비늘이 다른 비늘보다 색이 짙어 점을 이룬다. 묵납자루와는 달리 주둥이에서 시작되어 등으로 이어지는 윤곽선이 거의 일치한다. 암컷의 산란장인 민물조개를 둘러싸고 수컷들 사이에 세력권 다툼을 벌인다.

칼납자루
아가미 뒤쪽 네 번째 비늘이 검다.

칼납자루

묵납자루
● ○ 칼납자루와 묵납자루 등 곡선 비교

임실납자루

칼납자루

잉어목ㅣ잉어과ㅣ납자루아과
몸길이 : 6~8cm

칼납자루의 서식지인 충청북도 옥천군 용방리

임실납자루 　　　　　닮은꼴 물고기

임실납자루　065

* 칼납자루는 전 세계에서 대한민국에만 분포하는 고유종이다.

| 잉어목 | 잉어과 | 납자루아과 *Acheilognathus somjinensis* KIM and KIM, 1991
몸길이 : 5~6cm Somjin bitterling

임실납자루

| 산란 습성 | 민물조개의 몸속에 암컷이 산란하고 수컷이 방정한다.
| 산란 시기 | 1 2 3 4 ⑤ ⑥ ⑦ 8 9 10 11 12

*대한민국 고유종
멸종위기야생동식물 Ⅱ급

| 형태 | 몸은 옆으로 납작한 타원형이며 체고가 높다. 둥근 주둥이 아래로 입이 있다. 입수염이 한 쌍으로 나있다. 눈은 비교적 크고, 등 곡선은 동그랗게 휘어있다. 비늘은 고르게 배열되어 있다. 전체적인 형태는 칼납자루와 아주 비슷하다.
| 색깔 | 몸은 진갈색인데 등쪽이 더 짙고 배쪽은 옅다. 등지느러미 시작 부분은 진갈색이고 바깥쪽은 황색과 검은색 띠가 있다. 뒷지느러미는 붉은색과 검은색 띠가 두 번 반복되면서 형성되어있다. 산란기가 되면 수컷은 이 띠가 흐려지고 등 쪽에는 진한 황갈색이 나타난다.
| 생활 | 물 흐름이 느리며 바닥이 평평하고 바닥에 모래와 진흙, 자갈이 있는 얕은 하천의 중류나 상류 수초 지대에 많은 무리를 이루고 산다.
| 식성 | 잡식성으로 부착 조류나 수서곤충을 먹고 산다.
| 분포 | 섬진강 수계의 전북 임실군 관촌면과 신평면, 조원천, 순창, 덕치, 화순, 곡성에 서식한다.

임실납자루

잉어목 | 잉어과 | 납자루아과
몸길이 : 5~6cm

임실납자루(왼쪽)와 칼납자루(오른쪽)의 홍채를 비교해보면 임실납자루 쪽이 더 옅은 색을 띤다.

임실납자루 앞모습

임실납자루는 칼납자루보다 몸색이 밝고 옅으며 눈의 홍채도 덜 검다. 등의 높이도 비교적 낮다. 임실납자루가 사는 수역에 칼납자루도 나타나는데, 모래와 진흙이 깔린 곳에서 사는 임실납자루와는 달리 이들은 상류와 하류의 자갈이 깔린 곳에 산다.

산란기에는 암컷의 산란 장소인 민물조개(두드럭조개 등)를 둘러싸고 수컷들 사이에 세력권 다툼이 심하다. 알 모양은 둥근 마름모꼴인데, 일본의 칼납자루와 비슷하다.

○●● **야생동식물보호법과 멸종위기야생동식물**

환경부에서는 2005년 3월 여러 정부 기관에서 관리하던 야생동식물 보호에 관한 업무를 환경부 주도 아래 관리하는 야생동식물보호법을 시행하여 희귀 동식물뿐 아니라 일반 동식물도 보호하고 관리하기 위한 법적 기반을 마련하였다. 이 법을 근거로 일부 희귀하거나 멸종 위기에 처한 동식물을 '멸종위기야생동식물' I급과 II급으로 나누어 지정하여 보호하고 있다.

어류는 I급 6종, II급 12종으로 18종이 포함되어있고, 전체적으로는 포유류 22종, 곤충류 20종, 무척추동물 29종, 식물 64종, 해조류 1종으로 총 221종이다.

| 잉어목 l 잉어과 l 납자루아과 |
| 몸길이 : 5~6cm |

임실납자루

임실납자루의 서식지인 전라북도 임실군 관촌면

닮은꼴 물고기   칼납자루, 묵납자루

칼납자루 062

묵납자루 058

• 임실납자루는 전 세계에서 대한민국에만 분포하는 고유종이다.

줄납자루

Acheilognathus yamatsutae MORI, 1928
Korean striped bitterling 방언 : 줄납저리

잉어목 | 잉어과 | 납자루아과
몸길이 : 6~10cm

| 산란 습성 | 민물조개의 몸속에 암컷이 산란하고 수컷이 방정한다. |
| 산란 시기 | 1 2 3 ④ ⑤ ⑥ ⑦ 8 9 10 11 12 |

*대한민국 고유종

| 형태 | 납자루속(屬) 가운데 가장 길고 체고가 높지 않다. 주둥이는 약간 튀어나와있고 둥글다. 입은 작고 밑으로 향해 있다. 긴 입수염이 한 쌍 있다. 등 곡선이 완만하고 등지느러미는 체고에 비해 높다. 꼬리지느러미는 끝이 뾰족하고 둔각 형태로 파여있다.

| 색깔 | 몸 바탕은 푸른색이며 등 쪽은 짙고 배 쪽은 은백색이다. 몸 앞쪽으로 파란 점이 크게 나 있고, 이 점에서 꼬리지느러미 앞까지 같은 색으로 가로줄무늬가 이어져있다. 등지느러미와 뒷지느러미에는 세 줄의 검은 띠 사이에 두 줄의 흰색 띠가 있다. 꼬리지느러미 끝 부분은 선홍색 띠가 있다. 산란기 수컷의 몸은 푸른색을 띤다.

| 생활 | 강의 중류와 하류, 댐호 등에서 산다.
| 식성 | 수서곤충, 식물성 플랑크톤 들을 먹고 산다.
| 분포 | 동해안으로 흐르는 하천을 제외한 전국에 분포한다.

줄납자루

잉어목 | 잉어과 | 납자루아과
몸길이 : 6~10cm

줄납자루(위쪽)와 큰줄납자루(아래쪽)의 추성

줄납자루의 서식지인 강원도 영월군 주천면

　납자루아과(亞科) 물고기는 대부분 산란기에 수컷의 몸색이 화려해지고 주둥이 위쪽으로 돌기가 뚜렷해지는 추성이 나타난다. 줄납자루와 큰줄납자루, 납지리의 수컷은 주둥이 위쪽은 물론 콧구멍 주변, 눈 주변 일부까지 돌기가 나타나는 특징이 있다.
　한강과 임진강에서는 중류에서 하류까지 곳에 따라 다른 물고기보다 우세하게 분포하며 민물조개 중에서도 말조개에 더 많이 산란한다. 물 흐름이 느리고 평평하며 펄과 자갈이 있는 곳에 많이 산다.

닮은꼴 물고기
큰줄납자루, 큰납지리, 가시납지리

큰줄납자루 070

큰납지리 075

가시납지리 077

* 줄납자루는 전 세계에서 대한민국에만 분포하는 고유종이다.

큰줄납자루

Acheilognathus majusculus Kim and Yang, 1998
Large striped bitterling
방언 : 큰줄납저리

잉어목 | 잉어과 | 납자루아과
몸길이 : 9~11cm

| 산란 습성 | 민물조개의 몸속에 암컷이 산란하고 수컷이 방정한다. |
| 산란 시기 | 1 2 3 4 ⑤ ⑥ ⑦ 8 9 10 11 12 |

*대한민국 고유종

| 형태 | 몸은 긴 타원형이고 체고가 높지 않다. 주둥이는 앞으로 나와있다. 입은 작고 아래를 향해 있으며 Ω(오메가) 모양이다. 등 곡선은 완만하게 휜다. 등지느러미는 체고에 비해 비교적 높다. 줄납자루와 마찬가지로 꼬리지느러미 끝이 뾰족하고 둔각 형태로 파여있다.

| 색깔 | 몸 바탕은 초록색인데 등 쪽은 짙고 배 쪽은 은백색이다. 파란색 점은 없고 옆줄이 지나는 5, 6번째 비늘에서 꼬리지느러미 시작 부분까지 초록색 줄이 이어져있다. 등지느러미는 검은색과 흰색 띠가 세 번 반복되며 바깥쪽은 붉은색과 검은색 띠가 있다. 뒷지느러미의 바깥쪽은 넓은 흰색 띠가 있다. 꼬리지느러미의 끝 부분은 붉은색 띠가 있다.

| 생활 | 물 흐름이 있으면서도 바닥에 큰 자갈이 깔리고 수심이 1m 이상 깊은 곳에 산다.
| 식성 | 주로 수서곤충의 애벌레를 먹고 산다.
| 분포 | 섬진강과 낙동강 일부 수계에만 분포한다.

| 잉어목 | 잉어과 | 납자루아과
몸길이 : 9~11cm

큰줄납자루

큰줄납자루(위쪽)와 줄납자루(아래쪽)의 추성 비교

큰줄납자루의 서식지인 전라남도 곡성군 곡성읍

　큰줄납자루는 전체 외형이 줄납자루와 비슷하지만 체구가 더 크고 초록빛을 많이 띤다. 산란기 수컷의 추성은 콧구멍 주변과 눈 주변 일부까지 돌기가 촘촘하게 나타나는 특징이 있다. 줄납자루는 동해안 하천을 제외하고 거의 전국적으로 분포하지만 큰줄납자루는 섬진강과 낙동강 수계에서만 서식한다. 낙동강에서는 줄납자루와 함께 분포하나 섬진강에서는 큰줄납자루만 서식하는 것으로 알려져있다.

닮은꼴 물고기　　줄납자루, 큰납지리, 가시납지리

줄납자루 068

큰납지리 075

가시납지리 077

* 큰줄납자루는 전 세계에서 대한민국에만 분포하는 고유종이다.

납지리

Acheilognathus rhombeus (Temminck and Schlegel, 1846)
Flat bitterling

방언 : 납저리아재비

잉어목 l 잉어과 l 납자루아과

몸길이 : 6~10cm

| 산란 습성 | 민물조개의 몸속에 암컷이 산란하고 수컷이 방정한다. |
| 산란 시기 | 1 2 3 4 5 6 7 8 ⑨ ⑩ ⑪* 12 |

- **형태** | 몸은 타원형이고 옆으로 납작하며 체고가 높다. 주둥이는 앞으로 튀어나와있다. 입은 작고 아래로 향해 있으며 입 주변에는 짧은 입수염이 있다. 등 곡선은 완만하다.
- **색깔** | 몸의 바탕은 푸른빛을 띠며 아가미 바로 뒤에는 암청색 점이 있다. 몸의 양옆에는 갈색과 청색 가로줄무늬가 꼬리지느러미 시작 부분까지 나란히 나있다. 산란기가 되면 수컷은 등쪽에 있는 청록색이 짙어지며, 배 부분과 각 지느러미는 진한 다홍색을 띤다. 암컷의 몸은 연한 갈색을 띤다.
- **생활** | 물 흐름이 느리거나 거의 없는 하천의 중하류 또는 저수지 중하층에서 생활한다.
- **식성** | 주로 수초의 잎을 먹고 산다고 알려져있으나 사육 중에는 수서곤충이나 깔따구 애벌레 따위도 먹는다.
- **분포** | 동해안으로 흐르는 하천을 제외한 전국에 분포한다. 일본에도 분포한다.

| 잉어목 | 잉어과 | 납자루아과 |
| 몸길이 : 6~10cm |

납지리

산란기 납지리 수컷의 추성

납지리 암컷

　납자루아과(亞科) 물고기 수컷은 대부분 산란기에 주둥이 위쪽으로 돌기가 뚜렷해지는 추성을 띤다. 납지리와 줄납자루, 큰줄납자루 수컷은 돌기가 주둥이 위쪽만이 아니라 콧구멍과 눈 주변 일부까지 돌기가 나타나는 특징이 있다. 납지리 수컷은 산란기가 되면 몸과 지느러미에 현란한 선홍색이 나타난다.
　우리나라의 납자루아과 물고기 가운데 유일하게 가을철에 산란한다.

납지리 암수 한 쌍. 앞쪽에 몸 전체가 보이는 것이 수컷이다.

*납지리의 산란 시기는 대체로 9~11월이지만 7월에 산란하는 개체도 있다.

납지리

잉어목 | 잉어과 | 납자루아과
몸길이 : 6~10cm

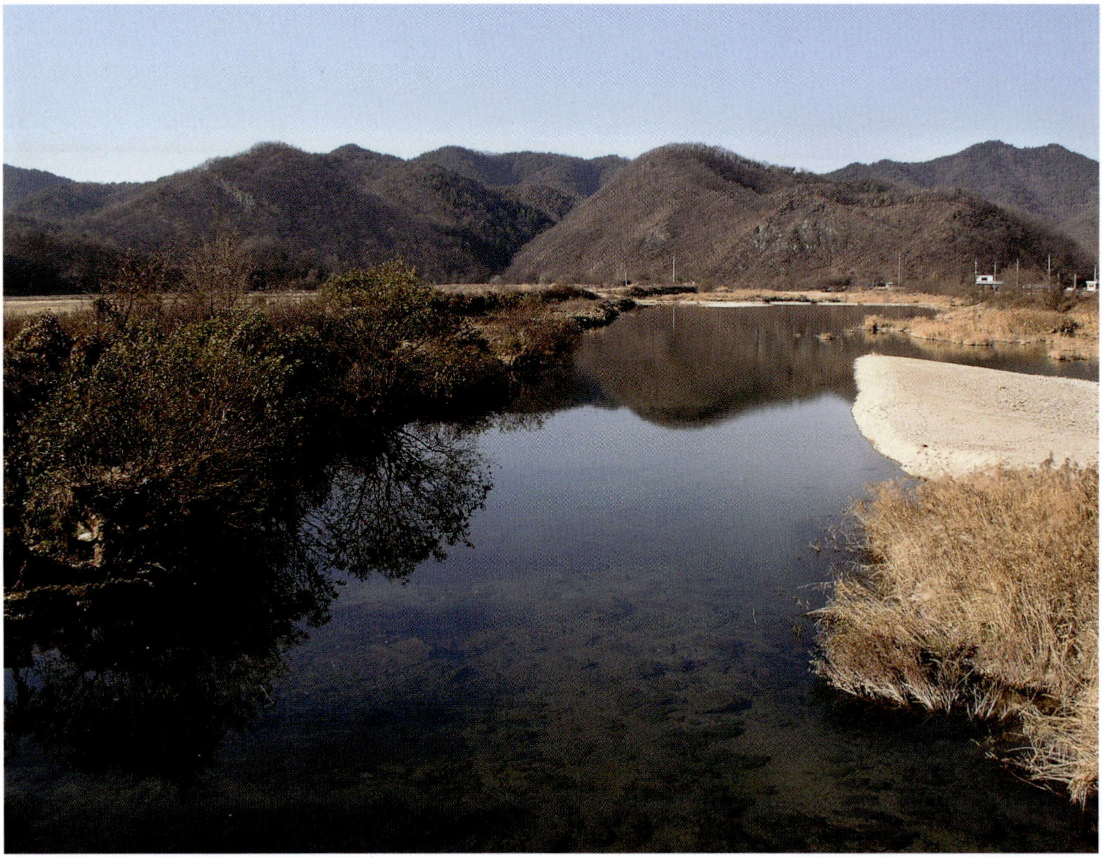

납지리의 서식지인 충청북도 진천군 금곡리

납자루, 줄납자루, 가시납지리   닮은꼴 물고기

납자루 055

줄납자루 068

가시납지리 077

| 잉어목 | 잉어과 | 납자루아과 　　*Acanthorhodeus macropterus* Bleeker, 1871　　　　**큰납지리**
몸길이 : 6~15cm　　　　Deep body bitterling　　방언 : 큰가시납저리

| 산란 습성 | 민물조개의 몸속에 암컷이 산란하고 수컷이 방정한다.
| 산란 시기 | 1　2　3　④　⑤　⑥　7　8　9　10　11　12

| 형태 | 몸은 둥근 타원형이고 옆으로 납작하며 체고가 높다. 주둥이는 약간 뾰족하며 입은 작고 Ω 형태이다. 입수염은 흔적만 있다. 눈은 작은 편이고, 등 곡선은 급하게 휜다. 꼬리지느러미 끝은 뾰족하다.
| 색깔 | 바탕은 금속성의 은백색이다. 등 쪽은 푸른 갈색, 배 쪽은 은백색이다. 아가미 바로 뒤에는 희미한 점이 있고 뒤쪽으로 뚜렷한 암청색 점이 있다. 몸 양옆에는 파란 줄이 꼬리지느러미 시작 부분까지 나있다. 등지느러미는 검은색과 흰색 띠가 두 번 반복되고 끝은 검은색이다. 뒷지느러미 끝은 흰색이다.
| 생활 | 물 흐름이 느리거나 흐름이 없는 하천의 중하류, 저수지 등의 바닥에 산다.
| 식성 | 잡식성이다. 유기물이 섞인 해감이나 깔따구 애벌레, 수서곤충을 먹고 산다.
| 분포 | 동해안으로 흐르는 하천을 제외한 전국에 분포한다. 중국에도 서식한다.

큰납지리

| 잉어목 | 잉어과 | 납자루아과 |
| 몸길이 : 6~15cm |

큰납지리(위쪽)와 가시납지리(아래쪽)의 뒷지느러미

큰납지리의 서식지인 경기도 남양주시 조안면

큰납지리는 다른 납자루아과(亞科) 물고기에 비해 체고가 높고 등지느러미도 크다. 5년 이상 성장하면 크기가 보통 15cm가 넘으므로 체구도 큰 편에 속한다. 수컷은 산란기에 푸른빛을 띤 은백색 금속성 무늬가 나고 지느러미는 검은색으로 변하며, 주둥이 위쪽으로 추성이 뚜렷하게 형성된다.

납자루, 납지리, 가시납지리 — **닮은꼴 물고기**

납자루 055

납지리 072

가시납지리 077

| 잉어목 | 잉어과 | 납자루아과 **Acanthorhodeus gracilis** REGAN, 1890
몸길이 : 8~12cm Korean spined bitterling   방언 : 가시납저리

가시납지리

| 산란 습성 | 민물조개의 몸속에 암컷이 산란하고 수컷이 방정한다.   *대한민국 고유종
| 산란 시기 | 1 2 3 ❹ ❺ ❻ ❼ ❽ 9 10 11 12

| 형태 | 몸은 둥근 타원형이고 옆으로 납작하며 체고는 그다지 높지 않다. 주둥이는 약간 뾰족하며 입은 작고 Ω 모양이다. 입수염은 없다. 눈은 작은 편이고 등 곡선은 완만하게 휘어있다. 꼬리지느러미 끝은 뾰족하다.
| 색깔 | 몸의 바탕은 금속성의 은백색이다. 등 쪽은 푸른 갈색이고 배 쪽은 은백색이다. 아가미 바로 뒤 4~5번째 비늘에 희미한 점이 있다. 몸 뒤쪽에는 파란색 줄이 꼬리지느러미 시작 부분까지 희미하게 나있다. 등지느러미는 검은색과 흰색의 띠가 세 번 반복되고 끝은 검은색이다. 산란기 수컷의 뒷지느러미에는 넓은 흰색 띠가 형성되고 끝 부분은 검은빛을 띤다.
| 생활 | 물 흐름이 느리거나 거의 없는 하천의 중하류, 저수지 등지의 진흙이 깔린 곳에서 산다.
| 식성 | 잡식성으로 알려져있으나 정확한 먹이 습성은 잘 알려지지 않았다.
| 분포 | 동해안으로 흐르는 하천을 제외한 전국의 강 하류에 분포한다.

가시납지리

잉어목 | 잉어과 | 납자루아과
몸길이 : 8~12cm

가시납지리는 큰납지리와 비슷하지만 등 높이가 비교적 낮고 몸에 있는 반점이나 청색 줄이 옅거나 희미하다. 가장 큰 차이점은 뒷지느러미 끝 부분으로, 큰납지리는 흰색이고 가시납지리는 검은색이다. 산란기 수컷의 뒷지느러미에는 흰색 띠가 형성되며, 배지느러미 앞쪽은 암수 공통으로 흰색을 띤다. 암컷의 산란관은 회색이다. 늪지로 이루어진 댐호*에서 우세하게 서식하기도 한다.

가시납지리(위쪽)와 큰납지리(아래쪽)의 뒷지느러미

*댐호
댐의 축조로 조성된 인공호수를 말한다. 한강 수계에는 춘천호(春川湖)·의암호(衣岩湖)·소양호(昭陽湖)·충주호(忠州湖)가 있고, 금강 수계에는 대청호(大淸湖), 낙동강 수계에는 안동호(安東湖)와 진양호(晉陽湖) 들이 있다.

가시납지리의 알

산란 직전에 산란관을 늘어뜨리고 있는 가시납지리 암컷

잉어목 l 잉어과 l 납자루아과		가시납지리
몸길이 : 8~12cm		

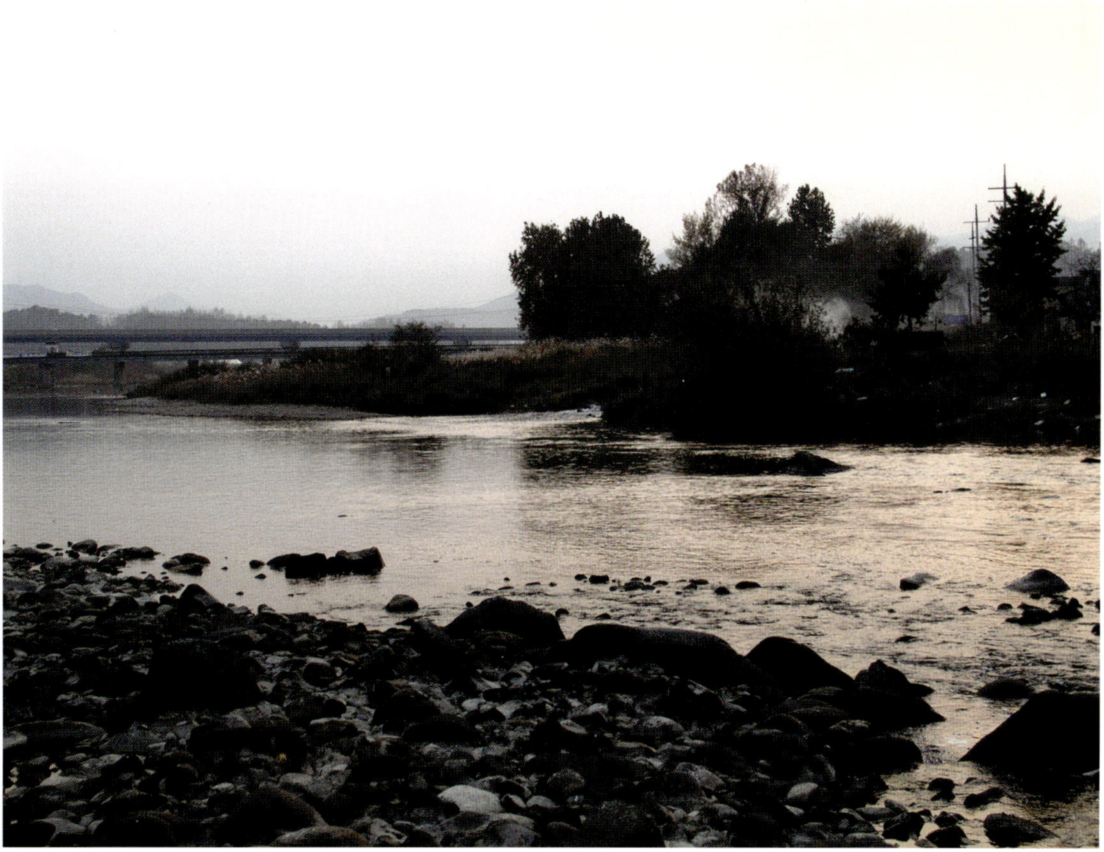

가시납지리의 서식지인 경기도 양평군 개군면

닮은꼴 물고기	납자루, 납지리, 큰납지리

납자루 055

납지리 072

큰납지리 075

* 가시납지리는 전 세계에서 대한민국에만 분포하는 고유종이다.

| 참붕어 | ***Pseudorasbora parva*** (TEMMINCK and SCHLEGEL, 1846)
False dace | 잉어목ㅣ잉어과ㅣ모래무지아과
몸길이 : 6～8cm |

| 산란 습성 | 수컷이 돌 표면을 청소하고 암컷이 그 위에 산란한다. |
| 산란 시기 | 1 2 3 ④ ⑤ ⑥ 7 8 9 10 11 12 |

- **형태** | 몸은 길고 옆으로 납작하다. 주둥이는 뾰족하고 입은 작으며 앞모습이 一자 형태이다. 아래턱이 위턱보다 길다. 입수염은 없고, 눈은 작은 편이다. 등지느러미는 예각을 이루면서 높은 편이다. 꼬리지느러미 끝은 둥글다.
- **색깔** | 몸 바탕은 금속성의 은백색이다. 등 쪽은 암갈색이고 배 쪽은 은백색이다. 몸 양옆에는 암갈색 줄이 아가미 뒤에서 꼬리지느러미 시작 부분까지 나있다. 낱낱의 비늘 끝은 초승달 모양의 띠가 짙은 색으로 형성되어있다.
- **생활** | 저수지나 농수로, 하천의 깊지 않은 수면 가까이에서 떼 지어 산다.
- **식성** | 잡식성으로 작은 동물, 수서곤충, 부착 조류 들을 먹고 산다.
- **분포** | 우리나라 전국에 분포한다. 중국과 일본에도 서식하는데, 일본에는 참붕어와 비슷한 아종(亞種)이 2종 있다.

| 잉어목 I 잉어과 I 모래무지아과 |
| 몸길이 : 6~8cm |

참붕어

참붕어 추성(위쪽)과 비늘(아래쪽)   참붕어의 서식지인 경기도 용인시

    낚시인들 사이에서 참붕어(붕어의 방언)라고 불리는 것과는 완전히 다른 물고기이다. 낙동강이나 그 이남의 강, 하천에 사는 참붕어 무리로부터 간디스토마 피낭유생(metacercaria)이 많이 발견되고 있어 오래전부터 기생충 관련 연구가 많이 진행되어왔다.
    산란기에 수컷은 광택이 있는 흑색으로 변하며 작은 돌을 깨끗이 청소하여 암컷을 유인해 산란시키고 알을 적극적으로 보호한다.

| 닮은꼴 물고기 | 돌고기 |

돌고기 082

| 돌고기 | ***Pungtungia herzi*** HERZENSTEIN, 1892
Striped shinner　　방언 : 똥고기, 깨고기 | 잉어목 | 잉어과 | 모래무지아과
몸길이 : 7~10cm |

| 산란 습성 | 하천 바닥의 돌이나 바위틈에 산란하는데, 일부는 꺽지 산란장에 탁란한다. |
| 산란 시기 | 1　2　3　④　⑤　⑥　7　8　9　10　11　12 |

- **형태** | 몸은 길고 머리와 몸 뒤쪽은 약간 옆으로 납작하다. 주둥이는 뾰족하면서 위아래로 납작하다. 입은 작고 윗입술이 두꺼우며 앞에서 보면 ∞형태이다. 입수염은 한 쌍으로 나있다. 머리 가운데 부분에 위치한 눈은 크기가 작은 편이다. 등지느러미는 예각으로 높으며 꼬리지느러미 끝은 둥글다.
- **색깔** | 등 쪽은 진한 갈색이고 배 쪽은 황갈색이다. 몸 양옆에는 주둥이 끝에서 꼬리지느러미 시작 부분까지 굵은 암갈색 줄이 나있다. 등지느러미 끝에는 갈색 무늬가 있다.
- **생활** | 물이 맑고 흐름이 완만하며 자갈이 있는 하천에 사는데, 큰 강 상류나 중류에도 비교적 흔하게 산다.
- **식성** | 잡식성으로 수서곤충, 부착 조류 따위를 먹고 산다.
- **분포** | 우리나라 전국에 분포한다. 중국과 일본의 남부에도 서식한다.

| 잉어목 | 잉어과 | 모래무지아과
몸길이 : 7~10cm

돌고기

돌고기 머리 옆모습(왼쪽)과 앞모습(오른쪽)

　돌고기는 비슷한 종인 가는돌고기, 감돌고기, 쉬리 들과 비교해보면 입 모양에서 두드러진 차이가 나타난다. 풍석 서유구* 선생이 1820년에 펴낸 『난호어목지(蘭湖漁牧志)』라는 책에 돌고기가 돗고기[돈어(豚魚)]라고 소개되어있는데, 이것은 앞에서 본 주둥이 모양이 돼지 코 모양과 비슷한 ∞형이라 해서 예로부터 그렇게 불린 것으로 보인다. 최근에는 돌고기가 알을 탁란*하는 것으로 알려져 흥미를 끌고 있다. 알은 강한 부착력이 있다.

가는돌고기(왼쪽)와 감돌고기(오른쪽)의 입 모양

*서유구(徐有榘, 1764~1845)
호는 풍석(楓石)이다. 조선 후기 실학자로 농업기술, 농지경영, 농업경영 같은 농학에 큰 업적을 남겼으며 농업 부흥에 관한 저서를 많이 남겼다. 이 가운데 『전어지(佃漁志)』와 『난호어목지(蘭湖漁牧志)』에는 물고기의 형태와 습성, 이용에 관한 기록이 담겨있다.

*탁란(託卵)
새가 자신의 둥우리를 짓지 않고 다른 종(種)의 둥우리에 몰래 산란하여 자신의 새끼를 다른 종이 대신 양육하게 하는 습성을 뜻한다. 최근(2005년)에는 우리나라 물고기(감돌고기, 가는돌고기)도 탁란 습성이 있다는 사실이 밝혀졌다.

돌고기

잉어목 | 잉어과 | 모래무지아과
몸길이 : 7~10cm

돌고기의 서식지인 충청북도 진천군 초평면

감돌고기, 가는돌고기, 쉬리　　　닮은꼴 물고기

감돌고기　085

가는돌고기　088

쉬리　091

잉어목ㅣ잉어과ㅣ모래무지아과	*Pseudopungtungia nigra* Mori, 1935		# 감돌고기
몸길이 : 7~10cm	**Black shinner**	방언 : 금강돗쟁이	

산란 습성	하천 바닥의 돌이나 바위틈에 산란하는데, 일부는 꺽지 산란장에 탁란한다.	*대한민국 고유종
산란 시기	1 2 3 **4 5 6** 7 8 9 10 11 12	멸종위기야생동식물 Ⅰ급

| 형태 | 몸은 길고 머리 부분은 둥글며 몸 뒤쪽은 약간 옆으로 납작하다. 주둥이는 뾰족한데 원뿔 모양이다. 입은 작고 아래로 향해 있으며 Ω 형태이다. 입수염은 짧다. 눈은 작은 편이다. 등지느러미는 높고 돌고기보다 폭이 넓다. 꼬리지느러미 끝은 둥글다.
| 색깔 | 몸은 어두운 갈색으로 검은색에 가깝다. 주둥이 끝에서 꼬리지느러미 시작 부분까지 암갈색 줄이 굵게 나있다. 각 지느러미에는 쉬리와 같이 검은색 띠가 두 줄 있다. 산란기에는 몸색이 더욱 검은빛을 띤다.
| 생활 | 수심이 30~100cm 안팎인 강 중류, 바닥에 자갈이 깔린 맑은 물에 10여 마리의 소단위로 무리 지어 산다.
| 식성 | 잡식성으로 수서곤충, 부착 조류 들을 먹고 산다.
| 분포 | 금강 중상류, 만경강, 웅천천에 서식하는데, 최근 웅천천에서는 발견되지 않고 있다.

감돌고기

잉어목 | 잉어과 | 모래무지아과
몸길이 : 7~10cm

감돌고기는 돌고기와 쉬리의 특성을 함께 지니고 있다. 전체적인 체형과 몸색은 돌고기와 비슷하고, 지느러미의 형태와 무늬, 입 모양은 쉬리를 닮았다. 이것은 매우 특이한 현상으로 두 물고기 사이에 자연 교잡이 일어나 발생한 결과로 추정된다.

최근에는 금강 유역인 전북 진안에 용담댐이 축조되어 안타깝게도 이 일대의 많은 감돌고기가 사라졌다. 2005년 2월 환경부에서 시행한 야생동식물보호법에 의해 '멸종위기야생동식물 Ⅰ급'으로 지정되어 보호받고 있는 귀한 물고기이다.

감돌고기의 입 모양(왼쪽)과 머리 옆모습(오른쪽)

감돌고기

돌고기

쉬리

감돌고기는 형태 면에서 돌고기와 쉬리의 특징을 조금씩 갖고 있다.

| 잉어목 l 잉어과 l 모래무지아과 |
| 몸길이 : 7~10cm |

감돌고기

감돌고기의 서식지인 전라북도 완주군 봉동읍

닮은꼴 물고기 돌고기, 가는돌고기, 새미

돌고기 082

가는돌고기 088

새미 095

• 감돌고기는 전 세계에서 대한민국에만 분포하는 고유종이다.

가는돌고기

Pseudopungtungia tenuicorpa Jeon and Choi, 1980
Slender shinner

잉어목 | 잉어과 | 모래무지아과
몸길이 : 8~10cm

| 산란 습성 | 하천 바닥의 돌이나 바위틈에 산란하는데, 일부는 꺽지 산란장에 탁란한다. |
| 산란 시기 | 1 2 3 4 ⑤ ⑥ ⑦ 8 9 10 11 12 |

* 대한민국 고유종
멸종위기야생동식물 II급

| 형태 | 몸이 아주 가늘고 길며 주둥이는 뾰족하지만 돌고기에 비해 끝이 둥글다. 입은 주둥이 아래 있으며 크기가 작다. 입수염은 매우 짧고, 눈은 머리에 비해 비교적 크다. 등지느러미가 높은 편이고, 꼬리지느러미 끝은 안쪽으로 깊게 파여있다.
| 색깔 | 등 쪽은 짙은 갈색, 배 쪽은 연한 갈색이다. 주둥이 끝에서 꼬리지느러미 시작 부분까지 짙은 갈색 띠가 직선으로 나있다. 등지느러미 위쪽에는 옅은 갈색 무늬가 있다.
| 생활 | 바닥에 자갈이 많이 깔려있고 수심이 50~100cm 정도 되는 맑은 하천 중상류 지역 여울부에 산다.
| 식성 | 먹이 습성에 대해 알려지지 않았으나 부착 조류를 섭식하는 것으로 추정한다.
| 분포 | 한강(북한강, 남한강), 임진강 중상류 지역에 제한적으로 분포한다.

| 잉어목 | 잉어과 | 모래무지아과 |
| 몸길이 : 8~10cm |

가는돌고기

가는돌고기

맨 위쪽부터 차례대로 가는돌고기의 앞모습과 머리 옆모습, 그리고 등지느러미

가는돌고기는 둥그런 주둥이 밑으로 작은 입과 입수염이 있다. 끝이 뾰족하고 각진 돌고기의 주둥이와 확연히 구분된다. 물이 맑은 하천의 중상류 여울 지역에서만 서식하는 가는돌고기는 최근 급격히 하천의 수질이 오염된 탓에 서식처가 빠르게 줄어들고 있다. 2005년 2월 환경부가 시행한 야생동식물보호법에 의해 '멸종위기야생동식물 Ⅱ급'으로 새로이 지정된 종이기도 하다.

돌고기의 입모양(왼쪽)과 머리 옆모습(오른쪽). 가는돌고기보다 주둥이가 더 뾰족하다.

가는돌고기

잉어목 | 잉어과 | 모래무지아과
몸길이 : 8~10cm

가는돌고기의 서식지인 강원도 평창군 용평면

돌고기, 감돌고기, 쉬리   닮은꼴 물고기

돌고기 082

감돌고기 085

쉬리 091

• 가는돌고기는 전 세계에서 대한민국에만 분포하는 고유종이다.

| 잉어목 | 잉어과 | 모래무지아과 *Coreoleuciscus splendidus* MORI, 1935
몸길이 : 10~15cm **Korean shinner** 방언 : 살코기, 쉐리

쉬리

| **산란 습성** | 여울의 잔자갈이나 큰 자갈 사이에 산란한다. *대한민국 고유종
| **산란 시기** | 1 2 3 ④ ⑤ 6 7 8 9 10 11 12

| **형태** | 몸이 가늘고 길며 주둥이는 둥글고 뾰족하다. 돌고기에 비해 주둥이가 짧다. 주둥이 아래 있는 입은 크기가 작다. 입수염은 없다. 등지느러미는 높고 곧으며 꼬리지느러미 끝은 안 쪽으로 깊게 파여있다.
| **색깔** | 등 쪽은 흑남색이고, 그 아래쪽으로 차례로 황남색, 갈색, 황색, 짙은 갈색의 줄이 층을 이루며 배 쪽은 은백색이다. 주둥이 끝에서 꼬리지느러미의 시작 부분까지 짙은 갈색 띠가 직선으로 나있다. 각 지느러미에는 1~3줄의 검은 띠가 있다. 산란기에는 몸색이 더 화려해진다.
| **생활** | 바닥에 자갈이 많이 깔려있는 맑은 하천의 중상류 지역 여울부에 주로 산다.
| **식성** | 수서곤충이나 작은 동물을 먹고 산다.
| **분포** | 동해로 흐르는 일부 하천과 영산강을 제외하고 거의 전국적으로 분포한다.

쉬리

잉어목 | 잉어과 | 모래무지아과
몸길이 : 10~15cm

한강 수계 쉬리(왼쪽)와 섬진강 수계 쉬리(오른쪽)의 등지느러미

경기도나 강원도 같은 중부 지방에서는 쉬리를 '쉐리'라고 부르기도 한다. 몸에 난 무늬가 아름다워 '여울각시'라는 별칭도 있다. 돌고기나 감돌고기와 체형은 닮았으나 몸 색깔은 이 두 물고기와는 달리 여러 가지 색이 복합되어있어 아름답다.

쉬리는 전 세계적으로 1속(屬) 1종(種)이 우리나라에만 출현하며, 잉어과 물고기 계통을 연구하는 데 중요한 물고기이다. 영화 제목으로 쓰인 이후 널리 알려져 많은 사람들로부터 사랑받고 있다.

쉬리는 주로 여울에 서식한다.

| 잉어목 | 잉어과 | 모래무지아과
몸길이 : 10 ~ 15cm

쉬리

돌고기

감돌고기

가는돌고기

● ○ 쉬리와 유사한 물고기의 체형 비교

쉬리

쉬리	잉어목ㅣ잉어과ㅣ모래무지아과
	몸길이 : 10~15cm

쉬리의 서식지인 강원도 평창군 미탄면

| 돌고기, 감돌고기, 가는돌고기 | 닮은꼴 물고기 |

돌고기 082

감돌고기 085

가는돌고기 088

* 쉬리는 전 세계에서 대한민국에만 분포하는 고유종이다.

| 잉어목 | 잉어과 | 모래무지아과 *Ladislabia taczanowskii* Dybowski, 1869   새미
몸길이 : 10~12cm

| 산란 습성 | 산란 습성에 관해서는 잘 알려져있지 않다.
| 산란 시기 | 1 2 3 4 5 6 7 8 9 10 11 12

- | 형태 | 몸통이 길며 옆으로 납작하다. 주둥이는 뭉툭하고 짧다. 주둥이 아래 있는 입은 크기가 작다. 앞에서 본 모양은 一자 형이다. 입 좌우에 한 쌍으로 입수염이 있다.
- | 색깔 | 등 쪽은 짙은 갈색, 배 쪽은 연한 갈색이다. 주둥이 끝에서 꼬리지느러미 시작 부분까지 짙은 갈색 띠가 굵게 나있다. 등지느러미와 뒷지느러미 가운데에는 검은색 띠가 있다. 꼬리지느러미 시작 부분은 수직으로 검은색을 띤다.
- | 생활 | 물이 맑은 하천이나 강의 상류, 그리고 계류에 산다.
- | 식성 | 부착 조류나 수서곤충 따위를 먹고 산다.
- | 분포 | 남한의 임진강과 한강 상류 지역, 삼척 오십천, 북한의 압록강, 대동강, 장진강에 분포하고 중국의 흑룡강 수계에도 서식하는 북방계 어류이다.

새미

잉어목 | 잉어과 | 모래무지아과
몸길이 : 10~12cm

한강 수계 새미

영동 수계 새미

참중고기

　새미는 온도가 낮은 물에 잘 적응하는 냉수성 물고기 즉 한류성 어류에 속한다. 남한에서는 강원도와 경기 북부의 일부 수계가 남방 한계선인 것으로 알려져있다.
　중고기, 참중고기와 비슷하지만 몸의 색깔이나 꼬리지느러미로 구분할 수 있다. 수컷은 산란기에 주둥이 위쪽과 눈 주변에 돌출된 돌기 즉 추성이 나타난다.
　최근 서식처가 파괴되어 발견하기가 쉽지 않다. 한강 수계의 새미와 동해안 수계의 새미는 외형상으로 약간 차이를 보인다.

잉어목 I 잉어과 I 모래무지아과	새미
몸길이 : 10~12cm	

새미의 서식지인 강원도 강릉시 연곡면

닮은꼴 물고기   참중고기, 중고기

참중고기 098

중고기 101

참중고기

Sarcocheilichthys variegatus wakiyae Mori, 1927
Oily shinner

방언 : 중고기

잉어목 I 잉어과 I 모래무지아과
몸길이 : 8~10cm

| 산란 습성 | 민물조개의 몸속에 암컷이 산란하고 수컷이 방정한다. |
| 산란 시기 | 1 2 3 ④ ⑤ ⑥ 7 8 9 10 11 12 |

* 대한민국 고유종

| 형태 | 몸이 길며 옆으로 납작하다. 주둥이는 둥글고 짧다. 주둥이 아래에 있는 입은 크기가 작고 Ω 형태이다. 좌우에는 한 쌍의 짧은 입수염이 있다. 등지느러미와 꼬리지느러미는 새미보다 크다. 눈은 작고 머리 앞쪽에 있다.
| 색깔 | 전체적으로 녹갈색을 띤다. 등 쪽은 짙고, 배 쪽은 연하다. 몸 전체에는 옅은 갈색 반점이 조금 흩어져있다. 아가미 뒤쪽에 옆줄이 시작되는 지점 아래로 청록색 돌기로 점이 형성되어 있다. 아가미 뒤에서 꼬리지느러미의 시작 부분까지 청록색 띠가 있다. 등지느러미 가운데에는 짙은 갈색 띠가 있다.
| 생활 | 물이 맑은 하천의 중상류 또는 댐호에서 산다.
| 식성 | 수서곤충, 갑각류, 실지렁이 들을 먹고 산다.
| 분포 | 서해와 남해로 흐르는 하천에 분포하는 고유 아종(亞種)이다.

| 잉어목 I 잉어과 I 모래무지아과 |
| 몸길이 : 8~10cm |

참중고기

참중고기 수컷의 추성

참중고기는 중고기와 비슷해서 구분이 쉽지 않지만, 등지느러미에 짙고 굵은 갈색 줄무늬가 한 줄 있고 꼬리지느러미 위아래로 갈색 줄이 없는 것이 참중고기이다. 산란기에 수컷은 주둥이 위쪽과 눈 주변으로 추성이 뚜렷하게 나타나고, 꼬리지느러미를 제외한 각 지느러미는 황색과 청색이 혼합된 혼인색이 나타난다. 암컷은 배 밑으로 산란관이 나온다. 중고기에 비하여 비교적 상류에 더 많이 서식한다.

낙동강 수계 참중고기(위쪽)와 섬진강 수계 참중고기(아래쪽)

참중고기 암컷의 산란관

참중고기의 꼬리지느러미

중고기의 꼬리지느러미

참중고기

잉어목 | 잉어과 | 모래무지아과
몸길이 : 8~10cm

참중고기의 서식지인 전라남도 곡성군 곡성읍

새미, 중고기　　　　닮은꼴 물고기

새미 095

중고기 101

• 참중고기는 전 세계에서 대한민국에만 분포하는 고유종이다.

| 잉어목 | 잉어과 | 모래무지아과 *Sarcocheilichthys nigripinnis morii* Jordan and Hubbs, 1925
몸길이 : 10~16cm   Korean oily shinner   방언 : 씨거비

중고기

| 산란 습성 | 민물조개의 몸속에 암컷이 산란하고 수컷이 방정한다. *대한민국 고유종
| 산란 시기 | 1 2 3 ④ ⑤ ⑥ 7 8 9 10 11 12

| 형태 | 몸이 긴 원통형이지만 뒤로 갈수록 옆으로 납작하다. 주둥이는 둥글고 짧다. 입은 주둥이 아래 있고 크기가 작으며 Ω 형태이다. 입 양쪽에는 한 쌍의 입수염이 있는데 아주 짧다. 눈은 작고 머리 앞쪽에 있다.
| 색깔 | 몸은 전체적으로 녹갈색이다. 등 쪽은 짙고, 배 쪽은 연하다. 몸 전체에 짙은 갈색 반점이 많이 흩어져있다. 아가미 뒤 옆줄이 시작되는 지점 아래로 진청색 세로 점이 있다. 몸 중앙에는 짙은 갈색 가로줄무늬가 있으나 다 자라면 희미해진다. 등지느러미는 짙은 갈색 줄무늬가 흩어져있고 꼬리지느러미 위아래로는 짙은 갈색 줄이 있다.
| 생활 | 물 흐름이 느린 하천 중하류, 저수지, 댐호의 수초가 있는 바닥 근처에 산다.
| 식성 | 수서곤충의 애벌레, 갑각류, 실지렁이 들을 먹고 산다.
| 분포 | 서해와 남해로 흐르는 하천과 댐호에 산다.

중고기

잉어목 | 잉어과 | 모래무지아과
몸길이 : 10~16cm

중고기(왼쪽)와 참중고기(오른쪽)의 꼬리지느러미 비교   중고기 암컷의 산란관

　중고기는 참중고기와 외형이 많이 닮았는데, 등지느러미에 난 줄무늬가 옅은 갈색이고 꼬리지느러미 위 아래로 짙은 갈색 줄이 있는 것이 중고기이다. 산란기에 수컷은 지느러미가 노란색을 띠며 암컷은 배 밑으로 산란관이 나온다. 중고기는 대칭이*나 펄조개*를 비롯해 재첩에도 1~2개의 알을 낳는 것으로 알려져있으며, 납자루과 물고기들과는 달리 원형의 커다란 알을 낳는다. 소리나 기척에 민감해서 야생에서는 놀라면 돌 밑이나 수초 틈새에 급히 몸을 숨기는 습성이 있다.

*대칭이(*Andota arcaeformis*)
길이 30cm 정도의 석패과 민물조개. 마합(馬蛤)이라고도 한다. 껍질 바깥쪽은 흑색 광택이 나며, 안쪽은 청백색으로 진주(眞珠) 광택이 난다. 살은 맛이 없고, 껍데기는 단추 등의 재료로 쓰인다. 진흙이 깊게 깔린 연못이나 늪에 산다. 한국, 일본, 중국 등지에 분포한다.

*펄조개(*Anodonta woodiana*)
석패과에 속하는 민물조개. 뻘조개라고도 한다. 껍질 바깥쪽은 검은 황갈색이며 안쪽은 옅은 살색을 나타낸다. 진흙이 많은 토질에 서식한다. 한국, 중국, 일본 등지에 분포한다.

참중고기

| 잉어목 I 잉어과 I 모래무지아과 |
| 몸길이 : 10~16cm |

중고기

중고기의 서식지인 경기도 가평군 외서면

닮은꼴 물고기 새미, 참중고기

새미 095

참중고기 098

* 중고기는 전 세계에서 대한민국에만 분포하는 고유종이다.

| 줄몰개 | ***Gnathopogon strigatus*** (Regan, 1908)
Stripe false gudgeon 방언 : 줄버들붕어 | 잉어목 l 잉어과 l 모래무지아과
몸길이 : 5~10cm |

| 산란 습성 | 산란 습성에 관해서는 잘 알려져있지 않다. |
| 산란 시기 | 1 2 3 4 5 ⑥ ⑦ ⑧ 9 10 11 12 (추정) |

- **형태** : 몸은 긴 타원형이고 옆으로 납작하다. 주둥이는 약간 뾰족하고 짧다. 입은 비스듬히 위를 향하고 입수염 한 쌍은 아주 짧다. 위턱과 아래턱은 길이가 거의 같다. 눈은 작고 머리 앞쪽에 있다.
- **색깔** : 몸은 전체적으로 진한 갈색이다. 배 쪽은 금속성 광택을 지닌 은백색이거나 황백색이다. 몸 중앙에는 짙은 갈색 가로줄무늬가 주둥이 끝에서 꼬리지느러미 시작 부분까지 나있고, 이 가로줄의 위아래 비늘에 박혀있는 검은 반점이 이어져 여러 줄의 가느다란 띠를 형성한다. 각 지느러미에는 별다른 무늬가 없다.
- **생활** : 깨끗하고 흐름이 느리고 바닥에 모래나 진흙이 깔린 깨끗한 하천의 중류 지역에 산다.
- **식성** : 수서곤충의 유충, 동물성 플랑크톤 들을 먹고 산다.
- **분포** : 서해와 남해로 흐르는 하천에 산다. 중국의 동북부 수계에도 서식한다.

| 잉어목 | 잉어과 | 모래무지아과 |
| 몸길이 : 5~10cm |

줄몰개

줄몰개의 머리 앞모습(왼쪽)과 옆모습(가운데), 그리고 몸통의 줄무늬(오른쪽)

줄몰개의 어릴 때 모습은 왜몰개와 참붕어를 닮았지만 크면서 8~9줄의 희미한 줄무늬가 생겨 쉽게 구분이 가능하다. 몰개, 참몰개, 긴몰개와는 외형상으로 차이가 있다.

산란 습성이나 생태에 대해서는 알려진 것이 없지만, 수초에 알을 낳는 것으로 추정된다.

줄몰개의 서식지인 충청북도 청원군 오창면

닮은꼴 물고기 돌고기, 참붕어, 왜몰개

돌고기 082   참붕어 080   왜몰개 163

긴몰개

Squalidus gracilis majimae (Jordan and Hubbs, 1925)
Korean slender gudgeon

잉어목 | 잉어과 | 모래무지아과
몸길이 : 7~10cm

| 산란 습성 | 수심이 얕은 곳의 수초에 알을 붙인다. |
| 산란 시기 | 1 2 3 4 ⑤ ⑥ ⑦ 8 9 10 11 12 |

*대한민국 고유종

| 형태 | 몸의 형태가 길다. 등지느러미 앞쪽은 높고 뒤쪽으로 갈수록 가늘고 길다. 주둥이는 약간 뾰족하고 입은 아래를 향하고 있다. 한 쌍의 가늘고 긴 입수염이 있다. 위턱보다 아래턱의 길이가 약간 짧다. 머리 앞쪽에 있는 눈은 비교적 크다. 비늘 모양은 일정하지 않다.
| 색깔 | 몸은 전체적으로 은백색이며 배 쪽은 금속성의 은색 광택을 띤다. 몸 중앙에는 옆줄을 따라 진갈색 가로줄무늬가 아가미 뒤에서 꼬리지느러미 시작 부분까지 나있다. 이 위로는 비늘에 박혀있는 검은 반점이 불규칙하게 나타난다. 각 지느러미에는 별다른 무늬가 없다.
| 생활 | 물 흐름이 느린 하천이나 저수지, 농수로, 댐호에 주로 산다. 큰 강이나 댐호에서는 수초가 많은 가장자리에서만 서식한다.
| 식성 | 수서곤충의 애벌레나 갑각류를 먹고 산다.
| 분포 | 서해와 남해로 흐르는 각 하천에 산다.

| 잉어목 | 잉어과 | 모래무지아과 |
| 몸길이 : 7~10cm |

긴몰개

긴몰개의 머리 앞모습(왼쪽)과 옆모습(가운데), 그리고 옆줄 위 비늘(오른쪽)

몰개속(屬) 물고기 4종은 서로 구분하기가 매우 어려운데, 긴몰개는 옆줄 위쪽의 비늘 수가 3.5개로 나머지 4.5개인 몰개, 참몰개, 점몰개와 구분이 된다. 또한 옆줄을 따라 갈색 줄이 있어 다른 3종과 구분되며, 옆줄과 나란한 비늘 수가 33~35개로 몰개와 참몰개보다 그 수가 작아 구분된다. 큰 강보다는 주로 작은 하천이나 농수로에 산다. 큰강이나 댐호에서는 가장자리의 수초 지대에서만 산다.

긴몰개의 서식지인 경기도 가평군 외서면

| 닮은꼴 물고기 | 몰개, 참몰개, 점몰개 |

몰개 108

참몰개 110

점몰개 112

* 긴몰개는 전 세계에서 대한민국에만 분포하는 고유종이다.

몰개	*Squalidus japonicus coreanus* (Berg, 1906) Short barbel gudgeon	잉어목ㅣ잉어과ㅣ모래무지아과 몸길이 : 8~14cm

산란 습성	산란 습성에 관해서는 잘 알려져있지 않다.
산란 시기	1 2 3 4 5 **6 7 8** 9 10 11 12

*대한민국 고유종

- **형태** | 몸길이는 길지 않고 체고는 약간 높다. 주둥이는 약간 둥글고 짧다. 입은 밑을 향하고 있는데 약간 크다. 입 좌우에 난 한 쌍의 입수염은 다른 몰개 종류보다 짧다. 눈은 비교적 크다.
- **색깔** | 몸은 전체적으로 갈색이다. 등 쪽은 짙고 배 쪽은 옅으며 은색 광택이 있다. 몸의 중앙 옆줄에는 짙은 반점이나 무늬가 없다. 각 지느러미에는 별다른 무늬가 없다.
- **생활** | 물 흐름이 느린 하천이나 큰 강의 중류와 하류, 댐호에 떼를 지어 산다. 수질오염에 대한 내성이 비교적 강하다.
- **식성** | 잡식성으로 수서곤충, 동물성 플랑크톤, 유기물 들을 먹는다.
- **분포** | 한강, 금강, 낙동강, 동진강, 만경강, 영산강 수계와 북한의 대동강에도 분포한다.

잉어목ㅣ잉어과ㅣ모래무지아과		몰개
몸길이 : 8~14cm		

머리 옆모습(왼쪽)과 옆줄 위 비늘(오른쪽)

몰개속(屬) 물고기 4종은 서로 구분하기가 어렵지만, 몰개는 눈이 크고 수염이 동공의 지름보다 짧아서 다른 3종과 구분할 수 있다.

주로 큰 강이나 댐호에 살며 강의 중하류에 무리 지어 산다. 최근 한강 하류인 서울시 밤섬에서 몰개 무리가 많이 살고 있는 것이 확인되었다. 수초 지대에도 서식하지만 바닥에 모래가 깔린 하천 중층에 많이 서식한다.

몰개의 서식지인 서울시 강서구

닮은꼴 물고기	긴몰개, 참몰개, 점몰개

긴몰개 **106**   참몰개 **110**   점몰개 **112**

* 몰개는 전 세계에서 대한민국에만 분포하는 고유종이다.

| 참몰개 | *Squalidus chankaensis tsuchigae* (Jordan and Hubbs, 1925)
Korean gudgeon | 잉어목 | 잉어과 | 모래무지아과
몸길이 : 8~14cm |

| 산란 습성 | 산란 습성에 관해서는 잘 알려져있지 않다. |
| 산란 시기 | 1 2 3 4 5 ⑥ ⑦ ⑧ 9 10 11 12 |

*대한민국 고유종

| 형태 | 몸은 대체로 길고 옆으로 납작하다. 주둥이는 약간 뾰족하다. 입은 아래를 향하고 있고 위턱이 아래턱보다 길다. 긴 입수염이 한 쌍 있다. 눈은 비교적 크고 머리의 앞쪽 위에 있다.
| 색깔 | 몸은 전체적으로 은백색이다. 등 쪽은 연한 갈색이고 배 쪽은 금속성의 광택을 띤 흰색이다. 몸 양옆 중앙보다 조금 위쪽에 짙은 갈색 가로줄무늬가 꼬리지느러미 시작 부분까지 나있고 이 가로줄 위아래로 비늘에 박혀있는 짙은 반점이 흩어져있다. 각 지느러미에는 별다른 무늬가 없다.
| 생활 | 물 흐름이 느리고 수심이 얕은 하천이나 저수지에 살고 수질오염에 대한 내성이 강하다.
| 식성 | 잡식성으로 동식물의 조각, 식물의 씨앗, 수서곤충의 애벌레 따위를 먹고 산다.
| 분포 | 대동강, 한강, 북한강, 남한강, 금강, 동진강, 낙동강, 남강, 밀양강, 섬진강, 보성강, 만경강 등 서해와 남해로 흐르는 수계에 분포한다.

잉어목 | 잉어과 | 모래무지아과
몸길이 : 8~14cm

참몰개

머리 옆모습(왼쪽)과 옆줄 위 비늘(오른쪽)

몰개속(屬) 물고기는 외형이 서로 비슷하여 구분이 매우 어려운데 그중 참몰개는 특히 구분이 어렵다. 그러나 참몰개는 수염이 동공의 반지름보다 길고, 옆줄과 나란한 비늘 수가 37~40개로 다른 몰개류보다 많다.

큰 강 중류와 중하류에서 주로 발견되며, 섬진강이나 금강의 경우 중류보다 아래쪽 모래와 자갈이 깔린 곳의 중층에 많이 서식한다.

참몰개의 서식지인 전라남도 구례군 섬진강

닮은꼴 물고기 긴몰개, 몰개, 점몰개

긴몰개 106

몰개 108

점몰개 112

• 참몰개는 전 세계에서 대한민국에만 분포하는 고유종이다.

점몰개 *Squalidus multimaculatus* Hosoya and Jeon, 1984
Spotted barbel gudgeon

잉어목 | 잉어과 | 모래무지아과
몸길이 : 5~7cm

산란 습성	산란 습성에 관해서는 잘 알려져있지 않다.
산란 시기	1 2 3 4 5 6 7 8 9 10 11 12

*대한민국 고유종

- **형태** | 몸의 형태는 긴 타원형이고 옆으로 납작하며 체고는 약간 높은 편이다. 주둥이는 약간 뾰족하고 길다. 입은 주둥이 아래 있고 입에는 입수염이 한 쌍 있다. 위턱과 아래턱의 길이는 거의 같다. 눈은 작고 머리 앞쪽에 있다.
- **색깔** | 몸은 전체적으로 황갈색이다. 등 쪽은 짙고 배 쪽은 금속성의 광택이 있는 흰색이다. 몸 중앙에는 옆줄이 지나는 비늘에 반점이 이어지고 그 위로 작고 긴 직사각형의 짙은 갈색이나 청갈색 반점이 꼬리지느러미 시작 부분까지 나있다. 각 지느러미에는 별다른 무늬가 없다.
- **생활** | 흐름이 느리고 바닥에 모래나 자갈이 깔린 얕고 깨끗한 하천에 산다.
- **식성** | 먹이 습성에 관한 정확한 기록은 없지만, 다른 몰개속(屬)처럼 잡식성으로 추정하고 있다.
- **분포** | 동해 남부 연안에 유입되는 형산강, 영덕 오십천, 죽산천, 송천천과 경상남도 울주군 회야강까지 분포하지만 제한적이다.

| 잉어목 | 잉어과 | 모래무지아과
몸길이 : 5~7cm

점몰개

점몰개 머리 옆모습(왼쪽)과 옆줄 위 비늘 (오른쪽)

긴몰개, 몰개, 참몰개, 점몰개 같은 몰개속(屬) 물고기들은 육안으로 구분하기가 쉽지 않다. 그중에서도 점몰개는 몸 중앙 위쪽으로 작고 긴 직사각형 반점(6~12개)이 가로 방향으로 이어져있어 다른 몰개속 물고기들과 비교할 때 구분이 쉬운 편이다.

점몰개는 동해 남부 연안의 하천에만 제한되어 서식하기 때문에 매우 희귀하다. 소하천의 중류 지역이 서식지인데, 주변이 지속적으로 개발되고 있어 특별한 보호책이 필요하다.

점몰개의 서식지인 경상북도 경주시 안강읍

닮은꼴 물고기

긴몰개, 몰개, 참몰개

긴몰개 106

몰개 108

참몰개 110

• 점몰개는 전 세계에서 대한민국에만 분포하는 고유종이다.

누치

Hemibarbus labeo (Pallas, 1707)
Steed barbel

방언 : 눈치

잉어목 | 잉어과 | 모래무지아과
몸길이 : 25~60cm

| 산란 습성 | 여울의 모래나 자갈에 산란하고, 수컷이 집단 방정한다. |
| 산란 시기 | 1 2 3 ④ ⑤ ⑥ 7 8 9 10 11 12 |

- **형태** | 몸이 길고 뒤쪽은 옆으로 납작하다. 주둥이는 뾰족하고 길며 앞으로 돌출되어 있다. 입은 주둥이 아래 있고 Ω 모양이다. 가늘고 긴 입수염이 한 쌍 있다. 아래턱은 위턱보다 매우 짧다. 눈은 비교적 큰데 머리 중앙 위쪽에 나있다. 비늘은 고르고 단단하다.
- **색깔** | 몸은 전체적으로 은갈색이다. 등 쪽은 어둡고 배 쪽은 은백색이다. 몸 중앙에는 눈동자 크기의 반점이 여러 개 있는데 다 자라면 없어진다. 등지느러미와 꼬리지느러미에는 검은색 줄이 흩어져있다. 배지느러미와 뒷지느러미는 옅은 황색이 섞여있다.
- **생활** | 수심이 깊고 깨끗하며 모래나 자갈이 깔린 중하류 하천에 산다. 강 하구에서도 산다.
- **식성** | 잡식성으로 수서곤충의 애벌레, 실지렁이, 작은 갑각류, 다슬기, 부착 조류, 유기물 들을 먹고 산다.
- **분포** | 서해와 남해로 흐르는 큰 하천이나 강에 산다. 베트남, 일본, 중국에도 분포한다.

| 잉어목 | 잉어과 | 모래무지아과
몸길이 : 25~60cm

누치

다 자란 누치

강원도 홍천에서 누치를 잡아 올린 모습

누치는 참마자와 체형이 거의 비슷하다. 그러나 누치는 눈동자 크기만 한 반점 외에는 다른 반점이나 무늬가 없는 반면, 참마자는 이와 함께 작은 반점이 몸 전체에 빼빼하게 나있고 등지느러미와 꼬리지느러미에도 반점이 많이 있어 둘 사이를 구분할 수 있다. 그러나 어린 물고기일 때는 누치와 참마자를 구분하기가 어렵다. 4월 말에서 6월 초 사이에 강여울에서 누치의 집단적인 번식 행동을 관찰할 수 있다. '누치가리'라고 부르는 이때 광경은 장관을 이룬다.

닮은꼴 물고기   참마자

참마자

참마자

Hemibarbus longirostris (REGAN, 1908)
Long nose barbel

방언 : 매자, 마자

잉어목 | 잉어과 | 모래무지아과
몸길이 : 15~30cm

산란 습성	하천의 모래나 자갈 위에 알을 낳는다.
산란 시기	1 2 3 ④ ⑤ ⑥ 7 8 9 10 11 12

- **형태** | 몸이 길고 뒤쪽은 옆으로 납작하다. 주둥이는 뾰족하고 길며 끝은 돌출되어있다. 입은 주둥이 아래 있고 입술이 두텁다. 가늘고 긴 입수염이 한 쌍 있다. 아래턱은 위턱보다 매우 짧다. 머리 중앙 위쪽에 있는 눈은 비교적 크다. 비늘은 고르고 촘촘하다.
- **색깔** | 몸은 전체적으로 은갈색이다. 등 쪽은 짙고 배 쪽은 금속성 광택을 지닌 은백색이다. 몸에 8개 정도의 눈동자만 한 반점이 있는데 다 자라면 없어진다. 산란기에 수컷은 배 쪽이 주황색이 되고 좁쌀 같은 추성이 산재하며, 암컷은 누런색으로 변한다. 옆면에는 8줄 정도로 작은 흑점이 규칙적으로 박혀있다. 등지느러미와 꼬리지느러미에는 검은색 반점이 흩어져있다.
- **생활** | 모래와 자갈이 깔린 깨끗한 하천 중상류의 여울이나 그 아래 소(沼)에 산다.
- **식성** | 잡식성으로 수서곤충의 유충, 부착 조류 들을 먹고 산다.
- **분포** | 서해와 남해로 흐르는 하천에 산다. 중국과 일본에도 분포한다.

| 잉어목 | 잉어과 | 모래무지아과
몸길이 : 15~30cm

참마자

누치

참마자의 체형은 누치와 거의 비슷하다. 참마자는 눈동자 크기만 한 반점과 함께 작은 반점이 몸 전체에 촘촘하게 나있고 등지느러미와 꼬리지느러미에도 반점이 많이 나있는 것으로 구분할 수 있다. 누치는 작은 반점이 없는데, 어릴 때는 두 물고기를 구분하기가 쉽지 않다. 누치는 큰 강 중하류에 주로 서식하며 참마자는 중상류에 서식한다.

참마자의 서식지인 강원도 횡성군 안흥면

닮은꼴 물고기 누치, 어름치, 참몰개

누치 114

어름치 118

참몰개 110

어름치

Hemibarbus mylodon (Berg, 1907)
Korean spotted barbel

방언 : 반어

잉어목 | 잉어과 | 모래무지아과
몸길이 : 20~45cm

산란 습성	웅덩이를 파고 산란한 다음 작은 돌을 쌓아 알을 보호한다.
산란 시기	1 2 3 ④ ⑤ 6 7 8 9 10 11 12

* 대한민국 고유종
천연기념물 제238호 · 259호

형태	몸의 형태는 원통형이다. 앞부분은 두툼하고 뒷부분은 가늘며 옆으로 납작하다. 주둥이는 둥근데 약간 앞으로 나와있다. 입은 아래를 향해 있고, 한 쌍의 입수염이 있는데 약간 길다. 입술이 얇고 위턱보다 아래턱 길이가 짧다. 눈은 작고 머리 가운데에 있다.
색깔	몸은 전체적으로 연한 갈색인데, 등은 짙고 배는 은백색이다. 검은 반점이 흩어져있고 몸 중앙에는 눈동자 크기의 흐릿한 반점이 이어져있다. 등지느러미와 꼬리지느러미, 뒷지느러미에는 검은색 띠가 2~4개 있으며, 산란기에 수컷은 배 쪽이 검은색으로 변하고 추성이 나타난다.
생활	야행성으로 물이 깨끗하고 바닥에 자갈이 깔린 큰 하천의 중상류에 살며 단독생활한다.
식성	수서곤충을 주로 먹고 갑각류, 어류 같은 작은 동물도 먹는다. 가을부터 봄까지는 다슬기를 주식으로 한다.
분포	임진강, 한강, 금강의 상류에만 분포한다.

| 잉어목 | 잉어과 | 모래무지아과 |
| 몸길이 : 20~45cm |

어름치

산란기에 추성이 발달한 어름치 수컷의 앞모습

어름치 산란탑. 어름치는 산란기에 구덩이를 파놓고 알을 낳은 다음 자갈을 쌓아 알을 보호한다.

 어름치의 산란 과정은 독특하다. 물 흐름이 약한 여울의 가장자리에 암컷이 웅덩이를 판 후 그 자리에 알을 낳으면 수컷이 방정하고 곧 암컷이 모래와 자갈로 웅덩이를 메운다. 그 위에 다시 알을 낳고 수컷이 방정하면 또 모래와 자갈을 물어다 메운다.
 이러한 과정을 몇 차례 반복하고 마지막에는 완전하게 알을 덮는데, 산란이 끝나면 높이 20cm~30cm에 넓이가 30~90cm 정도 되는 돌탑이 쌓인다. 어름치가 알을 낳고 모래와 자갈을 덮어 탑을 쌓는 것은 부화 과정에서 알이 다른 물고기에게 노출되어 먹이가 되는 것을 막기 위해서이다.

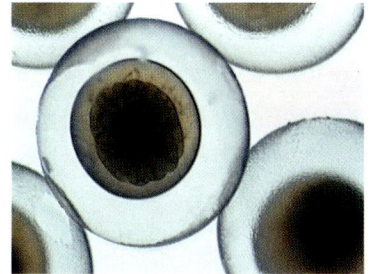 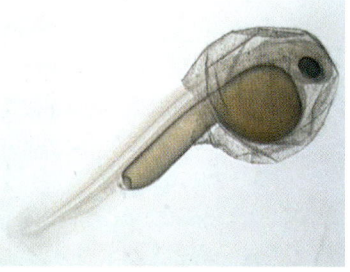

어름치 수정란(왼쪽)과 부화 직후의 모습 (오른쪽)

어름치

잉어목 | 잉어과 | 모래무지아과
몸길이 : 20~45cm

금강의 어름치는 1972년 천연기념물 제238호로 지정되었으나 그 이후 점차 사라져 1980년대 이후 절멸된 것으로 추정되었다. 1999년부터 매년 국립수산과학원에서 어린 어름치를 생산하여 금강에 방류함으로써 복원에 힘쓰고 있다.

어름치 치어(위쪽)와 성어(아래쪽)

○●● 어름치의 천연기념물 지정

어름치는 한강과 금강의 중상류 지역에만 분포한다. 금강의 경우 1972년 중상류 지역에 적은 수의 어름치가 서식하고 있음이 확인되었고, 절멸을 우려해 1972년 5월 1일 충북 옥천군 이원면부터 금강 상류 전역의 어름치 서식지를 천연기념물 제238호로 지정하였다.
이후 한강 수계의 어름치도 수질 악화와 무분별한 포획으로 인해 그 수가 급격하게 줄어들자 전국 일원의 어름치 종(種) 자체를 1978년 8월 18일 천연기념물 제259호로 추가 지정하여 보호에 나섰다. 1980년대 이후 금강에서는 어름치를 발견한 기록이 없다.

전라북도 무주군 무주읍에서 어름치를 방류시키고 있다.

| 잉어목 | 잉어과 | 모래무지아과
몸길이 : 20~45cm

어름치

어름치 서석지인 강원도 평창군 미탄면

닮은꼴 물고기   참마자, 누치

참마자 116

누치 114

* 어름치는 전 세계에서 대한민국에만 분포하는 고유종이다.

모래무지

Pseudogobio esocinus (Temminck and Schlegel, 1846)
Goby minnow

방언 : 모래무치

잉어목 | 잉어과 | 모래무지아과
몸길이 : 15~30cm

산란 습성	모래 위에 산란하고 모래로 알을 덮는다.
산란 시기	1 2 3 4 ⑤ ⑥ ⑦ 8 9 10 11 12

형태	몸이 길고 원통형이다. 앞쪽은 두껍고 뒤쪽은 가늘다. 주둥이는 뾰족하고 길며 입은 바닥에 바로 닿는다. 입에는 굵은 입수염이 한 쌍 있다. 눈은 작고 머리 위쪽으로 나있다. 입술은 잘 발달되어있으며 돌기로 되어있다.
색깔	몸은 전체적으로 회갈색이다. 등 쪽은 짙고 배 쪽은 은갈색이다. 몸 중앙에는 커다란 반점 6~7개가 나란히 있고, 등에는 크기가 다른 반점이 5~6개 있다. 몸 전체에는 검은색 작은 반점이 불규칙하게 있다. 뒷지느러미를 제외한 각 지느러미에는 작은 흑색 줄무늬가 있다.
생활	바닥에 모래가 깔린 맑은 하천의 중상류 바닥에 산다.
식성	모래 속에 사는 수서곤충과 소형 동물을 걸러 먹는다.
분포	서해와 남해로 흐르는 하천에 산다. 중국과 일본에도 분포한다.

| 잉어목 | 잉어과 | 모래무지아과 |
15~30cm

모래무지

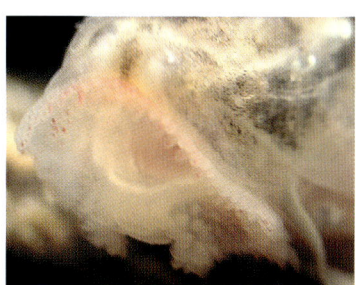
모래무지의 입 모양

모래무지의 머리 앞모습(왼쪽)과 머리 옆모습(오른쪽)

  모래무지는 먹이를 얻기 위해 바닥의 모래를 입으로 빨아들인다. 이때 먹이는 섭취하고 모래는 분리하여 아가미 밖으로 내보낸다. 무엇인가에 놀라면 재빨리 모래를 파고 들어가 숨는다. 버들매치, 두우쟁이 들과 비슷하지만 주둥이가 두 종에 비해 길고 뾰족하다.
  모래 바닥에 주로 사는 모래무지는 비교적 흔하게 발견할 수 있는 종이었지만, 최근 강에 모래가 줄어들면서 바닥이 자갈과 펄로 이루어진 곳에서도 나타나 고유의 서식처를 잃고 있다.

버들매치

모래무지

잉어목 | 잉어과 | 모래무지아과
15~30cm

모래무지의 서식지인 경상북도 상주군 함창읍

돌마자, 버들매치   닮은꼴 물고기

돌마자 140

버들매치 125

| 잉어목 | 잉어과 | 모래무지아과 | ***Abbottina rivularis*** (BASILEWSKY, 1855) | **버들매치** |
| 8~15cm | **Chinese false gudgeon** 방언 : 알락마재기, 각시뽀들치 | |

| 산란 습성 | 수컷이 산란장을 만들면 암컷이 산란하고 수컷은 알을 지킨다. |
| 산란 시기 | 1 2 3 ④ ⑤ ⑥ 7 8 9 10 11 12 |

| 형태 | 몸이 원통형으로 통통하다. 주둥이는 앞으로 돌출되어있고 길이는 모래무지보다 짧다. 입은 바닥에 바로 닿는다. 입에는 짧은 입수염이 한 쌍 있다. 눈은 작고 머리 위쪽으로 나있다. 등지느러미는 높다. 머리와 주둥이 사이가 움푹 패였다.
| 색깔 | 몸은 전체적으로 연갈색인데, 등 쪽은 짙고 배 쪽은 은백색이다. 몸 중앙에는 7~9개의 크고 짙은 반점이 꼬리지느러미 시작 부분까지 나열되어있고, 등에는 5~6개의 불규칙한 반점이 있다. 몸 전체에 작은 반점이 흩어져있고, 등지느러미와 가슴지느러미, 꼬리지느러미에는 검은색 줄무늬가 흩어져있다. 산란기에 수컷의 배지느러미는 주황색으로 변한다.
| 생활 | 물 흐름이 느리고 바닥에 모래나 진흙이 깔린 하천이나 저수지에 산다.
| 식성 | 잡식성으로 실지렁이, 동물성 플랑크톤, 수서곤충, 식물의 씨앗 유기물을 먹는다.
| 분포 | 서해와 남해로 흐르는 하천에 산다. 중국과 일본에도 분포한다.

버들매치

잉어목 | 잉어과 | 모래무지아과
몸길이 : 8~15cm

버들매치의 입 모양

버들매치의 머리 앞모습(왼쪽)과 머리 옆모습(오른쪽)

　버들매치는 놀라면 모래나 진흙 속으로 파고 들어가 눈만 내밀고 몸을 숨긴다. 모래무지보다 주둥이가 짧고 뭉툭하며 주둥이와 이마가 만나는 부분이 움푹 파여있어 어린 모래무지와 구분할 수 있다. 먹이를 먹는 행동은 모래무지와 같다.
　산란기에 버들매치 수컷은 모래나 진흙이 섞인 곳의 바닥을 청소함으로써 산란장을 만들어 암컷을 유인한다. 또한 암컷이 산란하면 산란장을 지킨다.

모래무지

| 잉어목 | 잉어과 | 모래무지아과
몸길이 : 8~15cm

버들매치

버들매치의 서식지인 경기도 남양주시 조안면

닮은꼴 물고기 모래무지, 왜매치, 돌마자

모래무지 122

왜매치 128

돌마자 140

왜매치	*Abbottina springeri* Banarescu and Nalbant, 1973 Korean dwarf gudgeon	잉어목 l 잉어과 l 모래무지아과
		몸길이 : 6~8cm

산란 습성	산란 습성에 관해서는 잘 알려져있지 않다.
산란 시기	1 2 3 ④ ⑤ ⑥ ⑦ 8 9 10 11 12

*대한민국 고유종

- **형태** | 버들매치와 체형이 비슷하나 약간 홀쭉하고 머리는 좀 더 작다. 주둥이는 뭉툭하고 길이는 짧다. 입은 아래를 향해 있고 입술이 발달되어있다. 입수염은 매우 짧다. 눈은 비교적 크고 머리 위쪽으로 나있다. 등지느러미는 높다.
- **색깔** | 몸은 전체적으로는 연갈색, 배 쪽은 은백색이다. 중앙에 7~8개의 짙은 반점이 꼬리지느러미 시작 부분까지 나열되어있고, 등에는 불균일한 반점 5~6개가 있다. 몸 전체에는 작은 반점이, 각 지느러미에는 검은 줄무늬가 흩어져있다. 산란기 수컷의 몸은 암흑색으로 변한다.
- **생활** | 물 흐름이 느리거나 없고 바닥에 모래 혹은 모래가 섞인 펄이 깔린 소하천 중하류, 농수로, 저수지, 연못 같은 수초 지역에 떼를 지어 산다.
- **식성** | 잡식성으로 부착 조류나 수서곤충, 유기물을 먹고 산다.
- **분포** | 서해와 남해로 흐르는 대부분의 하천에 산다.

| 잉어목 | 잉어과 | 모래무지아과 |
| 몸길이 : 6~8cm |

왜매치

왜매치의 머리 앞모습(왼쪽)과 머리 옆모습(오른쪽)

 버들매치와 왜매치는 외형이 닮아 치어일 때는 둘을 구분하기가 어렵다. 형태면으로 따져볼 때 몸이 좀 더 가늘고 둥글며 주둥이가 짧은 쪽이 왜매치이다. 지느러미 무늬로 보면, 등지느러미와 꼬리지느러미 무늬가 밴드(Band) 형태로 규칙적인 것이 버들매치이고 불규칙하게 흩어진 것이 왜매치이다. 최근 왜매치는 하천 개발로 서식지가 파괴되고 농약 따위로 하천이 오염되어 그 수가 급격히 감소하고 있다.

왜매치

버들매치

왜매치

잉어목 | 잉어과 | 모래무지아과
몸길이 : 6~8cm

왜매치의 서식지인 전라북도 완주군 삼례읍

돌마자, 됭경모치   닮은꼴 물고기

돌마자 140

됭경모치 143

* 왜매치는 전 세계에서 대한민국에만 분포하는 고유종이다.

잉어목	잉어과	모래무지아과	*Gobiobotia macrocephala* Mori, 1935		꾸구리
몸길이 : 7~12cm	**Kku-gu-ri**	방언 : 돌메자	

산란 습성	바닥의 자갈 사이에 알을 낳는다.	*대한민국 고유종
산란 시기	1 2 3 ④ ⑤ ⑥ 7 8 9 10 11 12	멸종위기야생동식물 Ⅱ급

| 형태 | 몸이 길며 앞쪽은 굵고 뒤쪽은 가늘다. 앞에서 보면 모서리가 둥근 삼각형 모양이다. 주둥이는 뾰족하며 위아래로 납작하다. 입은 눈썹 형태로 주둥이 아래 있다. 입가에 입수염 한 쌍이 있고 턱 아래쪽으로는 세 쌍의 수염이 차례로 있는데, 맨 앞의 것이 가장 짧고 맨 뒤의 것이 가장 길다. 눈은 머리 위쪽에 있고 피막으로 덮여있다.
| 색깔 | 전체적으로 황갈색이고 배 쪽은 연갈색이다. 몸 중앙에서 뒤쪽으로 세 마디의 흑갈색 세로 무늬가 있다. 온몸에 작은 반점이 불규칙하게 흩어져있다. 머리 앞부분은 누런색이다. 각 지느러미에는 짧은 흑색 줄무늬가 산재해 있다. 산란기 수컷은 진갈색을 띤다.
| 생활 | 흐름이 빠르고 자갈이 깔린 맑은 하천의 중상류 여울 지역에만 산다.
| 식성 | 주로 수서곤충을 먹이로 한다.
| 분포 | 한강, 임진강, 금강의 상류 지역에 제한적으로 서식한다.

꾸구리

잉어목 | 잉어과 | 모래무지아과
몸길이 : 7~12cm

꾸구리의 머리 앞모습(왼쪽)과 입수염(오른쪽)

꾸구리는 돌상어와 비슷하나 체형이 더 둥글다. 꾸구리의 눈은 우리나라에 사는 담수 어류 가운데 유일하게 외부에 있는 빛의 밝기를 감지해 눈꺼풀을 열고 닫는 기능이 있다. 어두울 때는 양옆으로 열리고 빛이 아주 밝을 때는 가운데로 닫힌다. 눈꺼풀이 닫힌 모양은 그와 같은 기능을 지닌 살모사나 고양이 눈처럼 I자형이다.

꾸구리는 밝은 곳에서 눈꺼풀이 닫히고 (왼쪽) 어두운 곳에서는 열린다(오른쪽).

돌상어

| 잉어목 | 잉어과 | 모래무지아과 | | 꾸구리 |
| 몸길이 : 7~12cm | | |

꾸구리의 서식지인 강원도 평창군 미탄면

닮은꼴 물고기 돌상어, 흰수마자

돌상어 **134**   흰수마자 **137**

• 꾸구리는 전 세계에서 대한민국에만 분포하는 고유종이다.

돌상어

Gobiobotia brevibarba Mori, 1935
Dol-sang-o

잉어목 | 잉어과 | 모래무지아과
몸길이 : 7~13cm

산란 습성	물 흐름이 있는 여울의 돌 사이에 산란한다.
산란 시기	1 2 3 ④ ⑤ ⑥ 7 8 9 10 11 12

*대한민국 고유종
멸종위기야생동식물 Ⅱ급

형태	몸이 약간 길며 앞쪽은 위아래로 납작하고 뒤쪽은 좌우로 약간 납작하다. 앞에서 보면 등은 둥글고 배는 납작한 반원형이다. 주둥이는 뾰족하고 주둥이 아래 있는 입은 눈썹 형태이다. 입가에 입수염 한 쌍이 있고 턱 아래쪽으로도 차례로 세 쌍이 나있다. 수염의 길이는 꾸구리보다 짧다. 눈은 머리 위쪽에 있고 크기는 비교적 작다.
색깔	몸은 전체적으로 누런색을 띤다. 몸 중앙에는 뚜렷하지 않은 7~8개의 반점이 꼬리지느러미 쪽으로 배열되어있고, 등지느러미 시작 부분부터 뒤쪽으로는 5~6개의 반점이 있다. 각 지느러미에는 무늬가 없다. 눈 아래 주둥이 쪽으로 검은색 사선이 그어져있다.
생활	물 흐름이 빠르고 깨끗하며 바닥에 자갈이 깔린 하천의 상류나 중상류 여울 지역에 산다.
식성	주로 수서곤충을 먹고 산다.
분포	한강, 임진강, 금강의 상류 지역에 제한적으로 서식한다.

| 잉어목 | 잉어과 | 모래무지아과 |
| 몸길이 : 7~13cm |

돌상어

돌상어의 머리 앞모습(왼쪽)과 옆모습(오른쪽)

돌상어의 입 모양(왼쪽)과 위에서 본 모습(오른쪽)

꾸구리

　돌상어는 꾸구리와 비슷하지만 눈 모양과 몸에 난 반점 등에 차이가 있어 구별할 수 있다. 꾸구리에게서 볼 수 있는 가슴지느러미, 등지느러미, 꼬리지느러미에 난 흑색 줄무늬가 돌상어에는 없다. 특히 돌상어의 양쪽 눈 사이에는 검은색으로 띠가 둘러싸고 있어 마치 색안경을 쓰고 있는 것처럼 보이기도 한다. 입수염도 꾸구리에 비해 매우 짧아 비교적 구분이 쉽다. 꾸구리와 돌상어는 같은 속(屬)이면서 생태적으로도 서로 비슷하다. 우리나라의 금강, 한강, 임진강에만 서식한다는 점에서도 공통점이 있다. 꾸구리와 같이 하천이 오염되거나 서식 환경이 파괴되면 가장 먼저 사라지는 지표종*이다.

*지표종(指標種, indicator species)

특정한 환경 조건을 나타내는 생물종을 말한다. 생활환경의 조건이 크게 제한되어있는 생물은 그 지역의 환경 조건을 알 수 있게 해준다. 이런 환경을 잘 나타내는 종을 '지표종'이라고 한다.

돌상어

잉어목 | 잉어과 | 모래무지아과
몸길이 : 7~13cm

돌상어의 서식지인 강원도 평창군 평창읍

꾸구리, 흰수마자　　　닮은꼴 물고기

꾸구리　131

흰수마자　137

• 돌상어는 전 세계에서 대한민국에만 분포하는 고유종이다.

| 잉어목 | 잉어과 | 모래무지아과 *Gobiobotia nakdongensis* Mori, 1935
몸길이 : 6~10cm Hin-su-ma-ja 방언 : 락동돌상어

흰수마자

| **산란 습성** | 산란 습성에 관해서는 잘 알려져있지 않다.
| **산란 시기** | 1 2 3 4 5 ⑥ 7 8 9 10 11 12 (추정)

*대한민국 고유종
멸종위기야생동식물 Ⅰ급

| **형태** | 몸이 길고 뒤쪽으로 갈수록 가늘다. 주둥이는 뾰족하고 짧다. 입은 주둥이 아래 있고 눈썹 모양을 하고 있다. 입과 턱 아래쪽으로 네 쌍의 길고 하얀 수염이 있다. 머리의 중앙 위쪽으로 나있는 눈은 비교적 큰 편인데 약간 튀어나왔다. 비늘은 고르고 촘촘하다.
| **색깔** | 전체적인 몸 빛깔은 옅은 황색이다. 등 쪽은 짙고 배 쪽은 금속성의 광택을 지닌 은백색이다. 몸의 중앙과 등에는 7~8개의 짙은 갈색과 흰색 반점이 반복되어 꼬리지느러미 시작 부분까지 배열되어있다. 각 지느러미에는 반점이 없다.
| **생활** | 물이 깨끗하고 바닥에 모래가 깔린 하천의 중류나 중하류에 산다.
| **식성** | 수서곤충의 애벌레를 먹고 산다.
| **분포** | 임진강과 한강 하류, 금강과 낙동강 중류 및 하류에 드물게 분포한다.

흰수마자

잉어목 | 잉어과 | 모래무지아과
몸길이 : 6~10cm

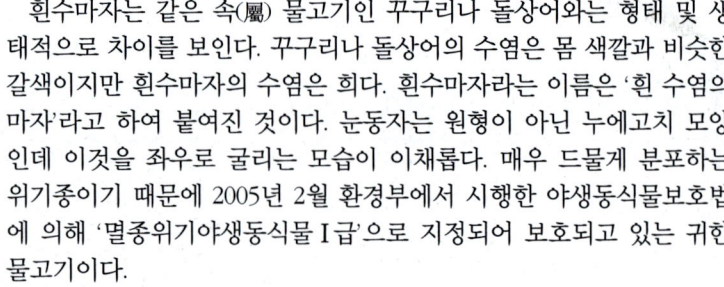

흰수마자는 같은 속(屬) 물고기인 꾸구리나 돌상어와는 형태 및 생태적으로 차이를 보인다. 꾸구리나 돌상어의 수염은 몸 색깔과 비슷한 갈색이지만 흰수마자의 수염은 희다. 흰수마자라는 이름은 '흰 수염의 마자'라고 하여 붙여진 것이다. 눈동자는 원형이 아닌 누에고치 모양인데 이것을 좌우로 굴리는 모습이 이채롭다. 매우 드물게 분포하는 위기종이기 때문에 2005년 2월 환경부에서 시행한 야생동식물보호법에 의해 '멸종위기야생동식물 I급'으로 지정되어 보호되고 있는 귀한 물고기이다.

흰수마자 머리 앞모습(위쪽)과 네 쌍의 입수염(아래쪽)

옆에서 본 흰수마자 머리. 눈동자를 좌우로 움직인 모양을 관찰할 수 있다.

꾸구리(왼쪽)와 돌상어(오른쪽)의 입수염

| 잉어목 | 잉어과 | 모래무지아과
몸길이 : 6~10cm

흰수마자

흰수마자의 서식지인 경상북도 상주시 사벌면

닮은꼴 물고기 됭경모치, 모래무지

됭경모치 143

모래무지 122

* 흰수마자는 전 세계에서 대한민국에만 분포하는 고유종이다.

돌마자 *Microphysogobio yaluensis* (Mori, 1928)

방언 : 압록돌붙이

잉어목 | 잉어과 | 모래무지아과
몸길이 : 5~12cm

산란 습성	산란 습성에 관해서는 잘 알려져있지 않다.
산란 시기	1 2 3 ④ ⑤ ⑥ ⑦ 8 9 10 11 12

*대한민국 고유종

- **형태** | 몸이 가늘고 길다. 몸 앞쪽은 동그랗고 뒤쪽은 옆으로 납작하다. 주둥이는 짧고 뭉툭하다. 입은 주둥이 아래 바닥을 향해 있다. 윗입술에는 밧줄 모양의 돌기가 나있다. 입에는 짧은 입수염이 한 쌍 있다. 눈은 비교적 작고 머리의 중앙 위쪽으로 나있다.
- **색깔** | 등 쪽은 푸른빛이 약간 섞인 갈색이고 배 쪽은 은백색이다. 옆줄 위아래로는 짙은 색 작은 무늬가 대칭을 이루며 나있다. 옆줄 위로 짙은 갈색의 타원형 반점 8~9개가 배열되어있다. 그 위로는 형태가 불분명한 반점이 옆으로 있고 등 쪽에는 7~8개의 짙은 반점이 있다. 등지느러미와 꼬리지느러미에는 검은색 줄무늬가 흩어져있다.
- **생활** | 물 흐름이 느리고 깨끗하며 바닥에 자갈이 깔린 하천의 중류 지역에 산다.
- **식성** | 잡식성으로 수서곤충이나 부착 조류, 유기물 들을 먹고 산다.
- **분포** | 한강, 금강, 만경강, 영산강, 탐진강, 섬진강, 낙동강, 압록강, 대동강에 분포한다.

| 잉어목 | 잉어과 | 모래무지아과 |
| 몸길이 : 5~12cm |

돌마자

돌마자의 머리 앞모습(왼쪽)과 머리 옆모습(오른쪽)

돌마자의 배 부분. 복면에 비늘이 없고 은백색을 띤다.

위에서 바라본 돌마자

돌마자는 왜매치나 됭경모치, 모래주사 들과 외형이 비슷하지만, 주둥이 아래 부분과 가슴지느러미 시작 부분이 비교적 붉은색을 띠고 있어 구분이 가능하다. 모래주사와 두드러지게 차이가 있는 부분은 입 주변 돌기인데, 모래주사는 돌기가 여러 줄인 반면 돌마자는 한 줄로 이루어져있다.

우리나라 하천에 비교적 많이 서식했지만 개발과 오염 등으로 최근 하천 바닥이 파괴되어 그 수가 급격히 줄어들고 있다.

돌마자와 겉모습이 많이 닮은 됭경모치

돌마자

잉어목 | 잉어과 | 모래무지아과
몸길이 : 5~12cm

돌마자의 서식지인 강원도 홍천군 서면

왜매치, 됭경모치　　　　닮은꼴 물고기

왜매치　128

됭경모치　143

* 돌마자는 전 세계에서 대한민국에만 분포하는 고유종이다.

잉어목 | 잉어과 | 모래무지아과 *Microphysogobio jeoni* KIM and YANG, 1999   됭경모치
몸길이 : 7~10cm

| 산란 습성 | 산란 습성에 관해서는 잘 알려져있지 않다. | *대한민국 고유종 |
| 산란 시기 | 1 2 3 4 **5 6 7** 8 9 10 11 12 (추정) |

- **형태** | 몸이 가늘고 길다. 몸 앞쪽은 동그랗고 뒤쪽은 옆으로 납작하다. 주둥이는 짧고 돌마자보다 약간 뾰족하다. 입은 주둥이 아래 바닥을 향해 있고 Ω 모양이다. 윗입술에는 작은 돌기가 있다. 입에는 짧은 입수염이 한 쌍 있다. 눈은 비교적 크고 머리의 중앙 위쪽으로 나있다.
- **색깔** | 몸 빛깔은 옅은 갈색이고 배 쪽은 금속성 광택이 있는 은백색이다. 옆줄의 위아래로는 짙은 색으로 작은 무늬가 대칭을 이루며 나있다. 옆줄 위로는 직사각형 반점이 짙은 갈색으로 8~9개 배열되어있다. 등지느러미와 꼬리지느러미에는 반점이 없다.
- **생활** | 바닥에 모래가 깔린 큰 강의 중하류에 살고, 댐호에서도 발견된다.
- **식성** | 잡식성으로 수서곤충과 미세한 부착 조류 들을 먹고 산다.
- **분포** | 낙동강, 금강, 한강, 임진강, 안동호 등지에 분포한다.

됭경모치

잉어목 | 잉어과 | 모래무지아과
몸길이 : 7~10cm

됭경모치의 머리 앞모습(왼쪽)과 머리 옆모습(오른쪽)

됭경모치 옆줄 위에 있는 비늘

됭경모치는 외형이 비슷한 물고기인 돌마자보다 몸 색깔이 흐리고 체형이 좀 더 날씬하다. 주둥이 끝은 돌마자보다 뾰족하며, 비늘 모양은 육각형에 가까운 다른 유사 종(種)들과 달리 마름모꼴이다. 돌마자는 하천 중류에 살지만, 됭경모치는 하류 모래바닥에 산다.

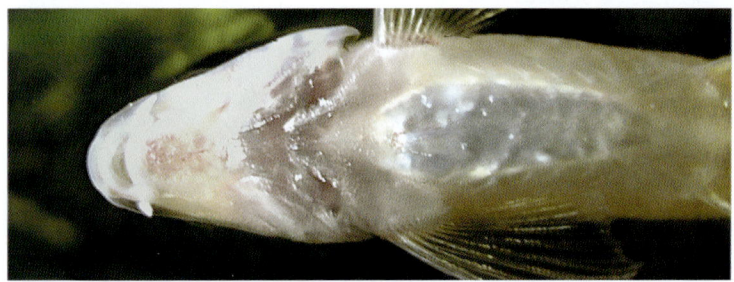

됭경모치의 배 부분. 돌마자와 마찬가지로 비늘이 없고 은백색을 띤다.

돌마자(사진)는 됭경모치보다 몸색이 더 진하다.

| 잉어목 | 잉어과 | 모래무지아과 |
| 몸길이 : 7~10cm |

됭경모치

됭경모치의 서식지인 서울시 한강 밤섬

닮은꼴 물고기 돌마자, 왜매치

돌마자 140

왜매치 128

• 됭경모치는 전 세계에서 대한민국에만 분포하는 고유종이다.

배가사리	*Microphysogobio longidorsalis* Mori, 1935	잉어목	잉어과	모래무지아과
	방언 : 큰돌붙이	몸길이 : 8~15cm

산란 습성	모래나 자갈 바닥에 산란(점착란)하는 것으로 추정된다.
산란 시기	1 2 3 4 ⑤ ⑥ ⑦ 8 9 10 11 12

*대한민국 고유종

형태	몸 앞부분은 통통하고 뒤쪽은 홀쭉한 난원형이다. 주둥이는 짧고 뭉툭하다. 입은 주둥이 아래 바닥을 향해 있고 눈썹 모양이다. 짧은 입수염이 한 쌍 있고, 입술에는 피질 돌기가 밀집되어있다. 눈은 작고 머리 가운데 위쪽에 나있다. 머리와 주둥이 사이가 움푹 패여있다.
색깔	몸 빛깔은 옅은 갈색이고 등 쪽은 암갈색이다. 배 쪽은 흰색에 가깝다. 옆줄 위로 짙은 갈색의 큰 반점이 8~9개 배열되어있다. 등지느러미를 비롯한 각 지느러미에는 짧은 줄무늬 반점이 흩어져있다. 산란기에 수컷은 몸이 검은색, 지느러미는 붉은색을 띤다.
생활	물이 맑고 바닥에 자갈이 깔린 하천의 상류 여울부에 산다.
식성	잡식성으로 수서곤충과 부착 조류를 먹고 산다.
분포	한강, 임진강, 금강 및 대동강에 분포하는데, 금강의 분포 기록은 검토가 필요하다.

잉어목 | 잉어과 | 모래무지아과
몸길이 : 8~15cm

배가사리

배가사리의 머리 앞모습(왼쪽)과 머리 옆모습(오른쪽)

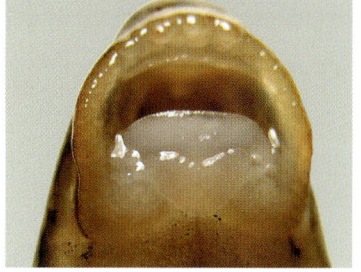

배가사리의 입 모양

배가사리는 모래주사속(屬) 물고기 가운데 체형이 가장 크고 가슴지느러미와 등지느러미도 가장 크다. 특히 산란기에 수컷의 등지느러미는 붉은색을 띠면서 풍성한 부채형으로 커진다. 산란기가 끝나면 혼인색과 추성은 사라진다. 다른 모래주사속 물고기들보다 위쪽인 상류 여울부에 산다.

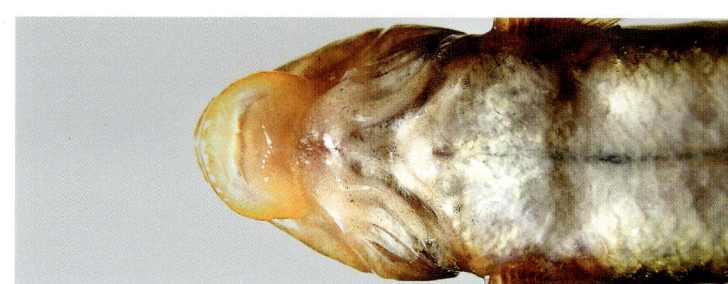

배가사리의 배 부분

산란기 배가사리 수컷. 등지느러미가 부채 모양으로 커져있다.

배가사리

잉어목 | 잉어과 | 모래무지아과
몸길이 : 8~15cm

배가사리의 서식지인 강원도 영월군 주천면

돌마자, 버들매치　　　　닮은꼴 물고기

돌마자 140

버들매치 125

* 배가사리는 전 세계에서 대한민국에만 분포하는 고유종이다.

| 잉어목 | 잉어과 | 황어아과 *Tribolodon hakonensis* (GUNTHER, 1880)
몸길이 : 25~40cm   Sea rundace   방언 : 강황어   황어

산란 습성 | 여울 지역에 자갈을 파고 들어가 집단 산란을 한다.
산란 시기 | 1 2 ③ ④ ⑤ 6 7 8 9 10 11 12

- **형태** | 몸이 길고 유선형이며 옆으로 납작하다. 주둥이는 길고 뾰족하다. 입은 주둥이 아래 위치하는데, 비스듬히 위를 향해 있다. 아래턱이 위턱보다 짧고 입수염은 없다. 눈은 비교적 작으며 머리 중앙에 있다.
- **색깔** | 몸은 전체적으로 갈색이고 배 쪽은 은백색이다. 산란기에는 몸이 검은색으로 변하고 옆줄 위아래로 짙은 황색으로 띠가 나타나며 각 지느러미 시작 부분도 짙은 황색으로 변한다. 특히 수컷은 흰색 돌기가 온몸에 빽빽하게 생겨난다.
- **생활** | 일생을 대부분 바다에서 보내고 이른 봄에 산란을 위해 물 맑은 하천으로 올라간다.
- **식성** | 잡식성으로 부착 조류와 수서곤충, 작은 물고기 들을 먹는다.
- **분포** | 동해와 남해로 흐르는 하천에 분포하며 일본과 사할린 등지에도 서식한다.

황어

잉어목 | 잉어과 | 황어아과
몸길이 : 25~40cm

황어는 하천과 바다를 오가는 회유성 물고기이다. 바다로 나간 어린 황어는 일생의 대부분을 바다에서 생활하며 매년 이른 봄에 알을 낳기 위해 하천으로 올라간다. 바닷물과 민물이 만나는 기수역*에서 삼투압 조절을 위해 일시적으로 머문 후 하천으로 올라가는데, 이때 몸이 흑색으로 변하고 짙은 황색 줄이 나타난다. 이런 현상 때문에 황어라는 이름이 붙었다. 산란은 물이 맑고 산소가 풍부한 얕은 여울 지역의 자갈 위에서 집단으로 이루어진다.

*기수역(汽水域, estuary)
강물이 바다로 흘러들어갈 때 민물과 바닷물이 혼합되는 곳. '하구역(河口域)'이라고도 한다.
산란을 위해 강에서 바다로 내려가는 물고기나 반대로 바다에서 강으로 거슬러 올라오는 물고기들이 삼투압(渗透壓) 조절을 위해 이곳에 머물며, 육지로부터 유입되는 대량의 유기물이 가라앉아 다양한 생물이 서식한다.

황어의 서식지인 강원도 강릉시 연곡면

피라미, 갈겨니, 버들치 | 닮은꼴 물고기

피라미 171

갈겨니 165

버들치 154

잉어목	잉어과	황어아과	***Phoxinus phoxinus*** (LINNAEUS, 1758)		
몸길이 : 6~8cm	Minnow	방언 : 모치

연준모치

산란 습성	자갈을 파고 들어가 산란하며 수컷이 떼 지어 방정한다.
산란 시기	1 2 3 ④ ⑤ 6 7 8 9 10 11 12

- **형태** | 몸이 길고 유선형이며 옆으로 납작하다. 주둥이는 뭉툭하다. 비스듬히 위를 향하고 있는 입은 주둥이 아래 있고 입수염은 없다. 아래턱이 위턱보다 짧다. 눈은 작다.
- **색깔** | 몸은 푸른 갈색이고 배 쪽은 은백색이다. 몸 중앙에는 15개 정도의 짙은 반점이 배열되어 있고 그 위에 금색 가로줄이 있다. 산란기에는 배와 가슴지느러미, 배지느러미, 뒷지느러미, 그리고 입 주변이 선홍색을 띠고 아가미 윗부분은 파란빛을 띤다.
- **생활** | 바닥에 자갈이 깔리고 흐름이 있는 차갑고 깨끗한 물에 산다.
- **식성** | 잡식성으로 부착 조류와 수서곤충, 소형 갑각류, 동식물의 조각 들을 먹는다.
- **분포** | 삼척 오십천과 남한강 상류의 기화천, 압록강, 두만강에 분포하고 유럽, 시베리아, 중국 대륙 등 유라시아의 추운 지역에 분포한다.

연준모치

잉어목 | 잉어과 | 황어아과
몸길이 : 6~8cm

연준모치의 머리 옆모습(왼쪽)과 수컷에 난 추성(오른쪽)

　연준모치는 수온이 23℃ 아래인 곳에서만 사는 냉수성 물고기이다. 따라서 이들이 서식하는 남방 한계 지역은 남한의 삼척 오십천과 남한강 상류 기화천 일대로 서식 구역이 좁고 한정되어있다. 강바닥의 자갈 틈을 파고 들어가 산란하는데 성숙한 암컷 한 마리에 많은 수의 수컷이 따라다니면서 집단 산란을 한다. 산란기에 수컷은 주둥이 위쪽으로 흰색의 돌기 즉 추성이 뚜렷하게 나타난다. 또한 연준모치는 암컷에서도 추성이 나타난다.

연준모치 암컷

잉어목 I 잉어과 I 황어아과	
몸길이 : 6~8cm	**연준모치**

연준모치의 서식지인 강원도 평창군 미탄면

닮은꼴 물고기   금강모치, 버들치, 버들개

금강모치 160

버들치 154

버들개 157

| 버들치 | ***Rhynchocypris oxycephalus*** (Sauvage and Dabry, 1874)
Chinese minnow | 방언 : 중태기 | 잉어목ㅣ잉어과ㅣ황어아과
몸길이 : 6~12cm |

| 산란 습성 | 물 흐름이 느린 여울에서 집단 산란한다. |
| 산란 시기 | 1 2 3 ④ ⑤ ⑥ ⑦ 8 9 10 11 12 |

- **형태** | 몸이 길고 앞부분은 통통하며 뒷부분은 옆으로 납작하다. 주둥이는 약간 뾰족하며 입은 주둥이 아래 비스듬히 위를 향해 있다. 아래턱이 위턱보다 짧으며 입수염은 없다. 눈은 비교적 크고 머리 가운데에 위치한다. 비늘은 아주 작다.
- **색깔** | 몸은 황갈색 또는 회갈색이다. 배 쪽은 아주 흐리다. 몸 전체에는 아주 작은 반점들이 불규칙적으로 흩어져있다. 각 지느러미에는 특별한 반점이 없다. 산란기에 수컷은 주둥이 위쪽으로 추성이 나타난다.
- **생활** | 물이 깨끗하고 온도가 낮은 산간 시냇물이나 강 상류에 산다. 외부 환경에 대한 내성이 강하여 지류에 연결된 중류나 댐호, 저수지에서도 산다.
- **식성** | 잡식성으로 부착 조류와 수서곤충, 작은 갑각류 들을 먹고 산다.
- **분포** | 동해안을 제외한 우리나라 전역에 살고 일본과 중국에서도 분포한다.

| 잉어목 | 잉어과 | 황어아과
몸길이 : 6~12cm

버들치

버들개(왼쪽)와 버들치(오른쪽)의 머리 앞부분. 버들개의 주둥이가 조금 더 가늘다.

버들치와 비슷한 물고기로는 버들개와 금강모치가 있다. 버들개는 버들치보다 주둥이가 조금 뾰족하며 몸 뒷부분이 버들치보다 가늘고 주로 동해안으로 흐르는 수계에 살고 있다. 금강모치는 몸 중앙에 주황색과 금색으로 가로줄무늬가 나있어 버들치와 구분하기가 쉽다.

버들개. 버들치보다 몸 뒤쪽이 가느다랗고 몸 가운데에 검은색 가로줄무늬가 굵게 나있다.

금강모치. 차갑고 맑은 물에 산다. 등지느러미에 검은 반점이 뚜렷하고 주황색과 금색 가로줄무늬가 있다.

버들치

잉어목 | 잉어과 | 황어아과
몸길이 : 6~12cm

버들치의 서식지인 경기도 의왕시

금강모치, 버들개, 버들가지　　　　닮은꼴 물고기

금강모치　160

버들개　157

잉어목 I 잉어과 I 황어아과	*Rhynchocypris steindachneri* (DYBOWSKI, 1869)	버들개
몸길이 : 12cm	Amur minnow 방언 : 동북버들치	

산란 습성	물 흐름이 느린 여울에서 산란한다.
산란 시기	1 2 3 ④ ⑤ ⑥ 7 8 9 10 11 12

| 형태 | 몸이 길고 앞부분은 통통하며 뒷부분은 옆으로 납작하고 더 가늘다. 주둥이는 약간 뾰족하며 입은 주둥이 아래에 비스듬히 위를 향해 있다. 아래턱이 위턱보다 짧으며 입수염은 없다. 눈은 비교적 크고 머리 가운데에 있다. 비늘은 아주 작다.
| 색깔 | 몸은 황갈색이나 회갈색이며 배 쪽은 연하다. 몸 중앙에는 짙은 색으로 넓은 가로줄이 꼬리지느러미 시작 부분까지 나있다. 몸 전체에는 아주 작은 반점들이 흩어져있다. 각 지느러미에는 특별한 반점이 없다.
| 생활 | 물이 깨끗하고 차가운 산간 시냇물이나 강 상류에 산다.
| 식성 | 잡식성으로 부착 조류와 수서곤충, 작은 갑각류 들을 먹고 산다.
| 분포 | 동해안 북부의 산간 계곡이나 한강 수계에 있는 일부 하천 상류에 산다. 북한과 중국, 일본 북부 지방에도 분포한다.

버들개

잉어목 | 잉어과 | 황어아과
몸길이 : 12cm

버들개의 머리 앞부분

버들개는 버들치보다 주둥이가 조금 더 뾰족하며 몸 뒷부분이 버들치보다 가늘다. 동해안 북부의 차가운 물이 흐르는 수계, 즉 강릉·고성·속초·양양 등지에 주로 서식한다. 비슷한 물고기로는 버들치와 금강모치가 있다. 버들치는 몸에 가로줄무늬가 없고, 금강모치는 몸 중앙에 주황색과 금색의 가로줄무늬가 있는 것으로 구분할 수 있다.

버들치

금강모치

금강모치, 버들치, 버들가지 — 닮은꼴 물고기

금강모치 160

버들치 154

| 잉어목 I 잉어과 I 황어아과 |
| 몸길이 : 12cm |

버들개

버들개의 서식지인 강원도 강릉시 연곡면

금강모치

Rhynchocypris kumgangensis (Kim, 1980)
Kumgang fat minnow   방언 : 금강뽀들개, 금강어

잉어목 | 잉어과 | 황어아과
몸길이 : 7~10cm

| 산란 습성 | 자갈을 파고 들어가 집단 산란을 한다. |
| 산란 시기 | 1 2 3 **4 5** 6 7 8 9 10 11 12 |

*대한민국 고유종

| 형태 | 몸이 길고 앞부분은 통통하며 뒷부분은 옆으로 납작하다. 주둥이는 약간 뾰족하고 입은 주둥이 아래 비스듬히 위를 향해 있다. 아래턱이 위턱보다 짧으며 입수염은 없다. 눈은 비교적 큰데 머리 가운데 있고 비늘은 아주 작다. 꼬리지느러미가 안쪽으로 깊게 패여 있다.
| 색깔 | 등 쪽은 황갈색이고 배 쪽은 은백색이다. 몸의 중앙과 배에는 주황색 가로줄무늬가 꼬리지느러미 시작 부분까지 나있다. 등지느러미 시작 부분에는 검은색 반점이 있고 가슴지느러미 시작 부분은 주황색이다.
| 생활 | 물이 깨끗하고 수온이 낮은 산간 시냇물에 산다.
| 식성 | 잡식성으로 수서곤충, 육상곤충, 작은 갑각류, 부착 조류 들을 먹고 산다.
| 분포 | 남한강과 북한강, 금강의 최상류 지역 일부에 분포한다. 최근 금강의 무주 구천동에서는 그 수가 급격히 줄어들어 절멸이 우려된다. 북한에도 분포한다.

| 잉어목 | 잉어과 | 황어아과
몸길이 : 7~10cm

금강모치

금강모치의 머리 앞부분(왼쪽)과 등지느러미(오른쪽)

　금강모치는 연준모치와 마찬가지로 찬물에서만 사는 냉수성 물고기이다. 산이 깊은 계곡에 주로 서식하는데, 연준모치와 서식 환경이 같아 함께 발견되기도 한다. 금강모치는 외형상 버들개, 버들치와 비슷하지만 가로줄무늬가 황금색에 가깝고 몸색이 금가루를 뿌려놓은 듯 빛깔이 화려하고 아름다우며 꼬리지느러미가 버들치와 버들개보다 안으로 깊이 패여있어 비교적 구분하기가 쉽다.

버들치

버들개

금강모치

잉어목 | 잉어과 | 황어아과
몸길이 : 7~10cm

금강모치의 서식지인 금강산 계곡

버들치, 버들개　　　　닮은꼴 물고기

버들치　154

버들개　157

* 금강모치는 전 세계에서 대한민국에만 분포하는 고유종이다.

| 잉어목 | 잉어과 | 피라미아과   *Aphyocypris chinensis* GÜNTHER, 1868   **왜몰개**
몸길이 : 4~6cm   **Venus fish**   방언: 농달치

| 산란 습성 | 수초에 알을 붙인다.
| 산란 시기 | 1 2 3 4 ⑤ ⑥ 7 8 9 10 11 12

- | 형태 | 몸이 짧고 작다. 뭉툭한 주둥이 아래 입이 있는데 Ω자 모양에 경사가 급하다. 아래턱이 위턱보다 길고 입수염은 없으며 머리가 작다. 눈은 머리 가운데 있고 비늘은 크다. 등지느러미가 뒤쪽으로 치우쳐있다.
- | 색깔 | 몸은 전체적으로 푸른 갈색 또는 황갈색이다. 등 쪽은 짙고 배 쪽은 은백색인데 금속 광택이 있다. 몸 중앙에는 짙은 갈색으로 가로줄이 있지만 뚜렷하지 않은 것들도 있다.
- | 생활 | 하천 하류의 작은 수로나 농수로, 웅덩이 등에 떼를 지어 산다.
- | 식성 | 수생 미생물, 수서곤충, 작은 갑각류, 모기 애벌레 따위를 먹고 산다.
- | 분포 | 동해로 흐르는 하천을 제외한 전국에 분포하며 대만, 중국, 일본에도 분포한다.

왜몰개

잉어목 | 잉어과 | 피라미아과
몸길이 : 4~6cm

왜몰개의 머리 옆부분

왜몰개의 서식지인 경기도 화성군

　왜몰개는 주로 농수로나 물웅덩이 또는 늪에서 사는데 송사리, 버들붕어와 함께 발견되는 경우가 많다. 한여름에 농수로와 연결된 작은 물웅덩이 위를 덮고 있는 개구리밥(부평초)을 살짝 걷어내면 수면 위로 송사리들이 헤엄쳐 다니고 중층에는 왜몰개와 버들붕어가 헤엄친다. 이들은 모두 수질오염에 대한 내성이 강해 산소가 희박한 고인 물에서도 번식한다. 모기의 애벌레인 장구벌레의 천적이기도 하다. 작은 물고기라 해서 '왜(矮)'자가 이름에 붙었다.

송사리, 참붕어, 버들치　　　　닮은꼴 물고기

송사리　292

참붕어　080

버들치　154

| 잉어목 | 잉어과 | 피라미아과　　***Zacco temminckii*** (TEMMINCK and SCHLEGEL, 1846)　　　　갈겨니
몸길이 : 10 ~ 17cm　　　**Dark chub**　　　방언 : 불지네

산란 습성 | 여울의 모래와 자갈 위에 알을 낳는다.
산란 시기 | 1　2　3　4　❺　❻　❼　❽　9　10　11　12

- **형태** | 몸이 길고 옆으로 납작하다. 주둥이는 뭉툭하고 그 아래쪽에 입이 있으며 위를 향하고 있다. 위턱이 아래턱보다 길며 입수염은 없다. 눈은 크지만 참갈겨니보다는 작다. 산란기에 수컷의 주둥이와 뺨에는 딱딱하고 돌출된 추성이 나타나며 뒷지느러미가 커진다.
- **색깔** | 몸은 전체적으로 황갈색인데, 등 쪽은 짙고 배 쪽은 금속성을 띤 은백색이다. 몸 중앙에는 흑갈색의 굵은 가로줄무늬가 있다. 산란기에 수컷의 몸은 황갈색 바탕에 붉은 혼인색이 나타나며, 꼬리지느러미를 제외한 각 지느러미는 누렇고 검게 변하며 눈에 붉은색 반원이 나타난다.
- **생활** | 하천 중상류에 많이 산다. 참갈겨니에 비해 물 흐름이 느린 곳에서 생활한다.
- **식성** | 잡식성으로 곤충이나 수서곤충의 애벌레, 부착 조류를 먹고 산다.
- **분포** | 영산강, 섬진강, 탐진강, 낙동강 수계 같은 우리나라 남부 지방과 일본에 분포한다.

갈겨니

잉어목 | 잉어과 | 피라미아과
몸길이 : 10~17cm

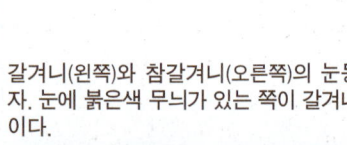
갈겨니(왼쪽)와 참갈겨니(오른쪽)의 눈동자. 눈에 붉은색 무늬가 있는 쪽이 갈겨니이다.

갈겨니는 이제까지 1종만 있는 것으로 알려져왔으나 같은 수계에서 몸 색깔이 서로 다른 무리가 있음이 확인되어 연구한 결과 몸 색깔뿐만 아니라 비늘 수에도 차이가 있음이 밝혀졌다. 2005년, 이 두 무리 중 몸에 노란색과 붉은색이 더 많고 옆줄 위 비늘 수가 9~10개이고 눈에 붉은색 무늬가 없는 종이 참갈겨니란 이름의 신종으로 기록되었다. 갈겨니는 배 쪽이 은백색이고 옆줄 위 비늘 수가 11~12개, 눈에는 붉은색 반원형 무늬가 있으며 참갈겨니보다 물의 흐름이 느린 곳에서 생활한다.

갈겨니(왼쪽)와 참갈겨니(오른쪽)의 옆줄 위 비늘

2005년 신종으로 학계에 보고된 참갈겨니

잉어목 l 잉어과 l 피라미아과		갈겨니
몸길이 : 10 ~ 17cm		

갈겨니의 서식지인 전라북도 완주군 삼례면

닮은꼴 물고기	참갈겨니, 피라미, 끄리

참갈겨니 168

피라미 171

끄리 174

참갈겨니

Zacco koreanus KIM, OH and HOSOYA, 2005
Korean chub

잉어목 | 잉어과 | 피라미아과
몸길이 : 13~20cm

| 산란 습성 | 바닥에 자갈이 깔린 여울에서 암수 짝을 지어 산란한다. |

* 대한민국 고유종

| 산란 시기 | 1 | 2 | 3 | 4 | 5 | ⑥ | ⑦ | ⑧ | 9 | 10 | 11 | 12 |

- **형태** | 몸이 길고 옆으로 납작하다. 뭉툭한 주둥이 아래쪽에 있는 입은 위를 향하고 있다. 위턱이 아래턱보다 길고 입수염은 없다. 눈은 크지만 참갈겨니보다는 작다. 산란기에 수컷은 주둥이와 뺨에 딱딱하고 돌출된 추성이 나타나며 뒷지느러미가 커진다.
- **색깔** | 몸은 황갈색인데, 등 쪽이 짙고 배 쪽은 흰색이다. 몸 중앙에는 청갈색의 굵은 가로줄이 있다. 다 자란 수컷은 옆면이 노란색, 배 쪽이 주황색이다. 이 색은 산란기에 더 뚜렷해지며 꼬리지느러미를 제외한 각 지느러미는 황색과 검은색으로 변하고 눈에 붉은색 반원은 나타나지 않는다.
- **생활** | 하천 중상류에 많이 서식하는데, 갈겨니에 비해 물 흐름이 빠른 곳에서 생활한다.
- **식성** | 잡식성으로 곤충이나 수서곤충의 유충, 부착 조류를 먹고 산다.
- **분포** | 한강, 임진강, 금강, 만경강, 동진강, 탐진강, 섬진강과 동해로 흐르는 하천 등 우리나라 전역에 분포한다.

잉어목 | 잉어과 | 피라미아과
몸길이 : 13~20cm

참갈겨니

갈겨니(왼쪽)와 참갈겨니(오른쪽)의 눈동자

다 자란 참갈겨니 수컷은 산란기가 아닌 때에도 몸에 노란빛을 많이 띤다. 2005년에 학계에 신종으로 기록된 참갈겨니는 우리나라에만 사는 고유종이다. 이에 비해 갈겨니는 일본에도 분포한다. 같은 수계에 두 종이 살 경우 참갈겨니는 물 흐름이 빠른 곳에, 갈겨니는 느린 곳에 나뉘어 산다. 참갈겨니는 수정란을 비롯하여 그 알에서 부화한 새끼가 갈겨니보다 더 크다.

갈겨니(위쪽)와 피라미(아래쪽)

닮은꼴 물고기 갈겨니, 피라미, 끄리

갈겨니 165

피라미 171

끄리 174

* 참갈겨니는 전 세계에서 대한민국에만 분포하는 고유종이다.

참갈겨니

잉어목 | 잉어과 | 피라미아과
몸길이 : 13~20cm

참갈겨니의 서식지인 강원도 인제군 북면

| 잉어목 | 잉어과 | 피라미아과 **Zacco platypus** (TEMMINCK and SCHLEGEL, 1902) 　 피라미
몸길이 : 12~17cm **Pale chub**　　방언 : 행베리, 피리, 피래미

| 산란 습성 | 여울의 잔자갈 바닥에 산란장을 닦고 암수가 산란한다.
| 산란 시기 | 1　2　3　4　❺　❻　❼　❽　9　10　11　12

- **형태** | 몸이 길고 옆으로 납작하다. 주둥이는 뾰족하고 그 아래쪽에 입이 있으며 위를 향하고 있다. 위턱이 아래턱보다 길고 입수염은 없다. 눈은 비교적 작고 머리 위쪽에 있다. 뒷지느러미가 유난히 길다. 산란기에 수컷의 주둥이와 뺨에는 딱딱하면서 돌출된 추성이 나타난다.
- **색깔** | 몸은 청록색이며 등 쪽은 짙고 배 쪽은 은백색이다. 녹색 바탕 몸통에는 붉은색의 얽은 무늬가 세로로 불규칙하게 나있다. 산란기에 수컷은 청록색과 선홍색이 혼합된 혼인색을 띠며 머리 부분은 검게 된다. 꼬리지느러미를 제외한 각 지느러미는 붉은색이 나타난다.
- **생활** | 하천 중류의 여울부나 저수지, 댐에서 산다. 우리나라 민물고기 중에 가장 많이 분포한다.
- **식성** | 잡식성으로 수서곤충의 유충이나 부착 조류, 유기물 들을 먹고 산다.
- **분포** | 원래 서해와 남해로 흐르는 하천에 서식하는데, 최근 하천쟁탈*과 이식의 영향으로 동해로 흐르는 하천에도 대부분 분포한다. 중국, 대만, 일본에도 분포한다.

피라미

잉어목 | 잉어과 | 피라미아과
몸길이 : 12~17cm

피라미(왼쪽)와 참갈겨니(오른쪽)의 뒷지느러미. 피라미는 산란기에 뒷지느러미가 길게 확장된다.

피라미 수컷은 산란기에 청록색과 붉은색을 많이 띤다. 이 때문에 '불거지'라고도 불린다. 갈겨니와 체형이 비슷하지만, 갈겨니는 붉은색과 함께 노란빛을 띤다는 점에서 피라미와 구분된다.

피라미는 환경 변화에 잘 적응하는 물고기이다. 중류 이상의 하천과 저수지 등지에 떼 지어 살고 가장 흔히 볼 수 있는 물고기이다.

갈겨니

○●● 어류 분포를 변화시키는 *하천쟁탈

서해로 흐르는 강에 살던 일부 담수어가 동해로 흐르는 강에도 자연 분포하는 경우가 있다. 이런 현상은 인위적인 이식이 대부분이지만 때로는 물고기 종이 완전히 분화된 뒤에 지각변동이 일어나 서해로 흐르던 지류가 동해로 흐르는 하천에 붙어버리는 상황이 발생한다.

이와 같이 한 하천이 가까이 있는 다른 하천의 흐름을 빼앗는 현상을 하천쟁탈(河川爭奪, river piracy)이라고 하는데, 그 결과 기존 어류 분포와 전혀 다른 어류가 분포하게 되는 일도 일어난다. 예를 들면 서해로 흐르는 하천에만 분포하는 종들이 동해로 흐르는 하천에도 서식하게 되는 것이다.

또한 동진강에는 섬진강에만 사는 왕종개와 줄종개가 분포하는데, 이것은 발전과 농업용수 공급을 위해 인위적으로 섬진강 줄기인 운암댐의 물을 동진강으로 유로를 변경함으로써 생겨난 것이다. 즉 결과는 같지만 원인은 다른 경우이다.

| 잉어목 | 잉어과 | 피라미아과
몸길이 : 12~17cm

피라미

피라미의 서식지인 강원도 화천군 간동면

닮은꼴 물고기

갈겨니, 참갈겨니, 끄리

갈겨니　165

참갈겨니　168

끄리　174

| 끄리 | *Opsariichthys uncirostris amurensis* BERG, 1940
Korean piscivorous chub 방언 : 어해 | 잉어목 l 잉어과 l 피라미아과
몸길이 : 20~40cm |

| 산란 습성 | 물살이 세고 바닥이 자갈로 된 큰 강 여울에 산란한다. |
| 산란 시기 | 1 2 3 4 ⑤ ⑥ ⑦ 8 9 10 11 12 |

- **형태** | 몸이 길고 옆으로 납작하다. 머리가 크고 주둥이는 둥글며 입은 옆모습이 S자를 눕혀놓은 듯한 모양이다. 아래턱이 위턱보다 길고 입수염은 없다. 눈은 아주 작고 머리 위쪽에 있다. 꼬리지느러미 끝은 뾰족하고 뒷지느러미가 발달되어있다.
- **색깔** | 푸른 갈색 몸에 등 쪽이 짙고 배 쪽은 금속성의 은백색이다. 등지느러미와 꼬리지느러미는 황갈색이다. 산란기 수컷은 붉은색을 띤다. 눈동자 윗부분에 붉은 반점이 있다.
- **생활** | 강 중하류나 댐, 그리고 대형 호수에 산다.
- **식성** | 어린 끄리는 동물성 플랑크톤이나 수서곤충 들을 먹고 살지만 다 자란 끄리는 갑각류, 수서곤충, 중소형 물고기 들을 닥치는 대로 포식한다.
- **분포** | 동해로 흐르는 하천을 제외한 전국 하천과 댐에 살고 중국, 시베리아에도 분포한다. 최근 댐호(소양호, 충주호, 횡성댐, 용담댐 등) 상류에 끄리가 출현하여 계류성 물고기*에 피해를 준다.

| 잉어목 l 잉어과 l 피라미아과 | 끄리 |
| 몸길이 : 20~40cm | |

끄리(왼쪽)와 피라미(오른쪽)의 입 모양

끄리는 피라미보다 주둥이가 둥글고 체구가 크다. 입을 벌리면 매우 크고 험상궂은 인상이 된다. 다 자란 끄리는 포악한 육식성을 드러내는데 크고 작은 물고기를 포함하여 물속에서 움직이는 것이라면 거의 모두 먹어 치우는데, 따라서 강의 포식자로서 먹이사슬의 상위를 차지한다. 특히 피라미를 많이 잡아먹는데, 피라미가 좋아하는 서식처를 끄리도 좋아하며 어릴 때부터 다 자랄 때까지 지속적으로 포식한다.

*계류성(溪流性) 물고기
계류는 강의 상류보다 위쪽을 나타내며 산골짜기에서 빠른 속도로 흐른다. 계류에 사는 물고기들은 유영할 때 물의 저항을 줄이기 위해 몸이 길고 유선형의 모양이며 수온이나 수질의 변화에 약하다.

○ ● ● 색각이 발달한 민물고기

물고기의 눈 구조는 다른 척추동물들과 비슷하다. 구형인 수정체(렌즈)는 그 아래쪽에 붙어있는 근육(렌즈근)을 이용하여 앞뒤로 움직이며 감각세포가 있는 망막에 상(像)이 맺히도록 원근을 조절한다. 망막은 시신경으로 이어져 있고 맺힌 상을 뇌로 전달해 물체를 인식한다.
민물과 얕은 바다에 사는 물고기는 색을 구별하는 색각(色覺)이 발달해 있지만, 빛이 닿지 않는 깊은 바다에 사는 물고기는 시각이 퇴화되기도 한다. 그 대신 미각(味覺)과 같은 다른 감각이 발달되어있다.

끄리

잉어목 | 잉어과 | 피라미아과
몸길이 : 20~40cm

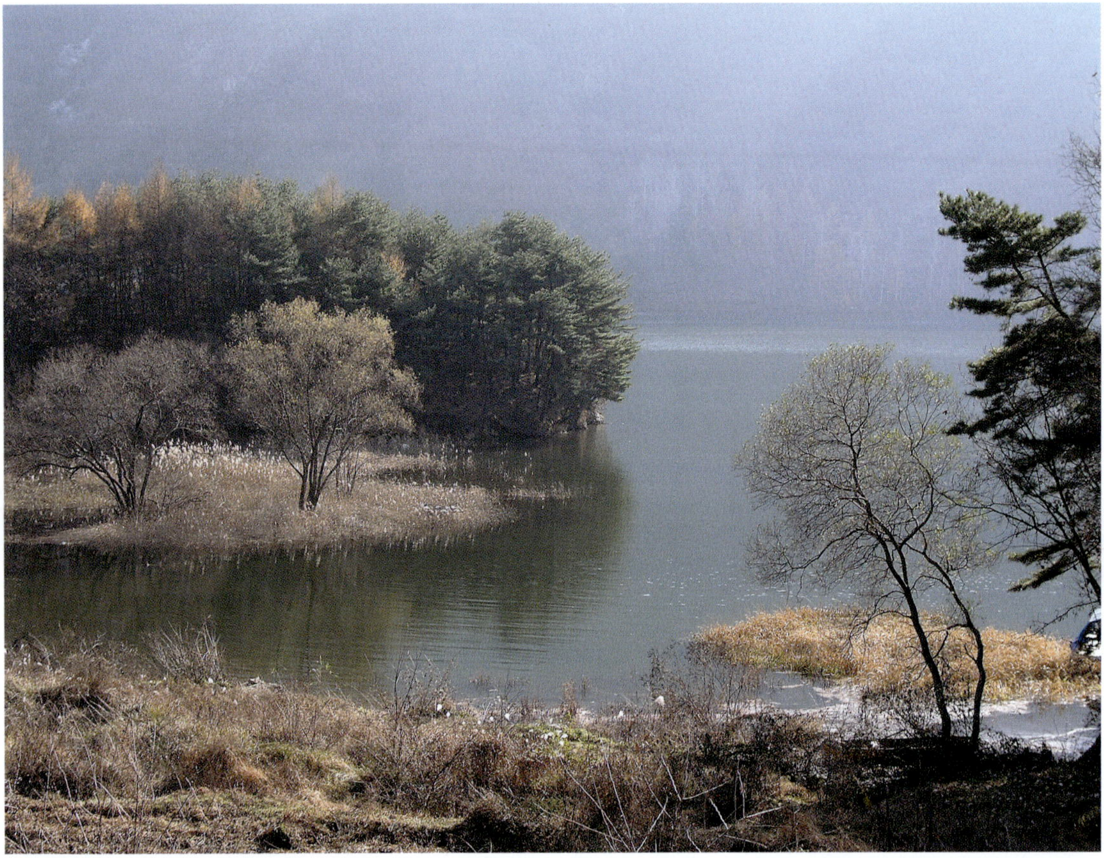

끄리의 서식지인 경기도 가평군 청평면

갈겨니, 피라미　　　　　닮은꼴 물고기

갈겨니　165

피라미　171

| 잉어목 | 잉어과 | 피라미아과　　***Squaliobarbus curriculus*** (RICHARDSON, 1846)　　눈불개
몸길이 : 30~50cm　　방언 : 홍안자

| 산란 습성 | 단독생활을 하다가 산란기에는 무리를 이룬다.
| 산란 시기 | 1 2 3 4 5 **6** **7** **8** 9 10 11 12

- | 형태 | 몸 형태는 아주 길고 원통형이다. 뒤쪽은 약간 납작하다. 머리가 작고 주둥이는 짧으며 둥근 모양을 하고 있다. 입은 비교적 큰데 주둥이 아래 있으며 위쪽을 향하고 있다. 위턱이 아래턱보다 길고 입 주변에 짧은 입수염이 있다. 눈은 작고 머리 앞쪽에 있다. 가숭어와 겉모양이 비슷하다.
- | 색깔 | 등은 푸른 갈색이고 배 쪽은 은백색이다. 낱낱의 비늘은 조금씩 돌출되어 보이며 비늘의 가운데에는 까만 점이 박혀있다.
- | 생활 | 물살이 느린 강의 중하류에서 단독생활을 한다.
- | 식성 | 잡식성으로 부착 조류, 수서곤충, 물고기의 알 따위를 먹고 산다.
- | 분포 | 한강, 금강에 서식하며 중국에도 분포한다.

눈불개

잉어목 | 잉어과 | 피라미아과
몸길이 : 30~50cm

눈불개의 눈동자. 윗부분에 붉은빛이 돈다.

'눈불개'라는 이름은 눈이 붉다고 해서 붙었고 '홍안어(紅眼魚)'라고도 불린다. 강 하구에 사는 숭어나 가숭어와 매우 닮았지만 이들보다 몸이 좀 더 가늘고 길며 등지느러미와 꼬리지느러미 형태에서 차이를 보인다. 강의 중하류에 서식하기 때문에 희귀하다고 알려져서 1996년 환경부에서 법적 보호종으로 지정했다. 그러나 최근 낚시인들의 제보와 더불어 금강 하구에 대해 조사한 결과 많은 수가 서식하는 것으로 확인되었다.

눈불개와 닮은 가숭어. 눈불개보다 몸이 더 굵고 짧은 편이다.

○●● 물고기는 얼마나 오래 살까?

물고기의 수명은 종에 따라 많은 차이를 보인다. 특히 은어나 빙어와 같이 산란한 이후 죽는 종은 주로 수명이 1년으로 알려져있고, 잉어나 철갑상어와 같이 수십 년 이상 산다고 알려진 종들도 있다.
물고기 수명은 대개 크기에 비례하지만, 연어처럼 큰 물고기가 산란 후에 죽기도 하고 붕어처럼 작은 물고기가 10년 넘게 살기도 한다. 하루나 기수와 같이 외부 환경의 변화가 심한 곳에 사는 종 가운데서도 새끼를 보호하는 습성이 있는 어류는 대부분 산란 후에 죽지만, 상류와 중류에 사는 종들은 여러 해 동안 사는 경우가 많다. 결국 물고기의 수명은 그 크기와 연관성이 많지만 산란 생태에도 많은 영향을 받는다. 빙어와 은어도 주로 1년 동안 산다고 알려져있지만 산란에 참여하지 않는 개체들은 2~3년 넘게 살기도 한다.

잉어목 l 잉어과 l 피라미아과		눈불개
몸길이 : 30~50cm		

눈불개의 서식지인 충청남도 논산시 강경읍 금강 하구

닮은꼴 물고기 가숭어, 누치, 숭어

가숭어 289

누치 114

치리

Hemiculter eigenmanni (JORDAN and METZ, 1913)
Korean sharpbelly

방언 : 살치

잉어목 | 잉어과 | 강준치아과
몸길이 : 15~20cm

| 산란 습성 | 산란 습성에 관해서는 잘 알려져있지 않다. |
| 산란 시기 | 1 2 3 4 5 ⑥ ⑦ 8 9 10 11 12 |

*대한민국 고유종

| 형태 | 몸이 아주 길고 납작하다. 머리는 작으며 주둥이는 짧고 뾰족하다. 입은 비교적 크고 주둥이 아래에 있으며 위를 향한다. 아래턱이 위턱보다 길며 입수염은 없다. 눈은 크고 머리의 앞쪽에 있다. 꼬리지느러미의 끝은 뾰족하며 아래의 조각이 더 길다.
| 색깔 | 등은 푸른 갈색이고 배 쪽은 금속성 광택을 가진 은백색이다. 몸 중앙에는 짙은 색의 가느다란 가로줄무늬가 나있다.
| 생활 | 물살이 느린 하천이나 저수지, 댐호에 살며 수면 가까이에서 빠르게 헤엄치는데, 성질이 급한 편이다.
| 식성 | 잡식성으로 식물의 씨앗이나 수서곤충, 작은 동물 등을 먹고 산다.
| 분포 | 서해와 남해로 흐르는 하천에 서식한다.

| 잉어목 | 잉어과 | 강준치아과 |
| 몸길이 : 15~20cm |

치리

치리(왼쪽)와 살치(오른쪽)의 꼬리지느러미. 치리의 아래쪽 꼬리지느러미가 살치보다 더 길다.

　치리와 아주 닮은 물고기로는 살치(*Hemiculter leucisculus*)가 있다. 살치는 등이 둥그렇게 휘어있어서 치리보다 등 높이가 높으며 꼬리지느러미는 더 짧다. 또한 살치는 치리에 몸 중앙에 나있는 짙은 색 가로줄 무늬가 없고 비늘이 약해서 쉽게 벗겨진다. 치리는 옆줄과 나란히 있는 비늘 수가 50~55개로 45~49개인 살치보다 더 많고, 새파* 수는 17~21개로 26~32개인 살치보다 적다.

*새파(鰓杷, gill raker)

물고기 호흡기관인 아가미의 안쪽에 있는 골질 돌기. 주로 플랑크톤을 먹고 사는 어류에 이 딱딱한 돌기가 있어 플랑크톤을 걸러 모으는 역할을 한다. 초식성 어류는 가늘고 길며 그 수가 많으나 육식성 어류는 짧고 강하며 수가 적다.

치리와 모양이 닮은 살치. 등 부분이 둥그렇게 휘었다.

치리

잉어목 | 잉어과 | 강준치아과
몸길이 : 15~20cm

치리의 서식지인 전라북도 완주군 봉동읍

살치, 피라미, 강준치　　닮은꼴 물고기

살치

피라미　171

- 치리는 전 세계에서 대한민국에만 분포하는 고유종이다.

| 잉어목 | 종개과 | ***Orthrias toni*** (Dybowsky, 1869) | 종개 |
| 몸길이 : 10~15cm | | Siberian stone loach | |

| 산란 습성 | 산란 습성에 관해서는 알려져있지 않다. |
| 산란 시기 | 1 2 3 4 ⑤ ⑥ 7 8 9 10 11 12 |

- **형태** | 몸이 가늘고 길다. 머리는 작고 위아래로 납작하며 몸 뒤쪽으로 갈수록 옆으로 납작하다. 주둥이는 뾰족하다. 입은 작고 바닥을 향해 있다. 입에는 입수염이 세 쌍 있다. 눈은 작은데 머리 위쪽에 있다. 꼬리지느러미 위아래 끝은 둥글고 끝 면이 직선에 가깝다.
- **색깔** | 전체적으로는 회갈색 또는 황갈색이고, 옆줄 위아래에는 짙은 갈색으로 얼룩무늬가 있다. 등지느러미와 꼬리지느러미에는 짧은 줄무늬 반점이 있다.
- **생활** | 바닥에 돌이나 자갈이 깔린 하천 상류와 계류에 서식한다.
- **식성** | 잡식성으로 수서곤충의 애벌레를 먹고 산다.
- **분포** | 강원도 동해안 강릉 남대천 이북의 하천에 산다. 일본 북해도, 러시아 사할린, 시베리아 등지에도 분포한다.

종개

잉어목 | 종개과
몸길이 : 10~15cm

종개와 대륙종개를 외형상으로 구분하자면 종개가 좀 더 날렵하고 몸 전체의 얼룩무늬가 크며 색깔도 짙다. 종개는 미꾸리과(科) 종개속(*Orthrias*)에 포함되어있었으며 단일 종(*Orthrias nudus*)으로 기록되어 왔으나 웨버 장치*의 골격 요소가 다른 점을 들어 별도의 과인 종개과 종개속(*Orthrias*)으로 변경 기록되었다.

종개(위쪽)와 대륙종개(아래쪽)의 몸통 무늬

종개(위쪽)와 대륙종개(아래쪽)의 머리 부분과 가슴지느러미

*웨버 장치(Weberian apparatus)
잉어류·미꾸리류·메기류 같은 어류에 있는 특수한 사슬 모양의 기관. 작은 뼈들로 이루어져있다. 웨버 기관은 두개골 바로 뒤 척추에 네 쌍의 작은 뼈[소골(小骨)]로 되어있으며, 이 뼈들은 부레와 내이(內耳) 사이를 연결하며 음파로 발생한 압력 변화를 부레에서 내이로 전달해 소리를 감지할 수 있게 한다.

대륙종개

잉어목 | 종개과
몸길이 : 10~15cm

종개

경기도에서 채집된 종개류

종개는 강원도 동해안 강릉 남대천 이북에 서식하는 것으로 알려져있지만, 최근에 경기도 남부 지역에서 종개로 추정되는 개체가 채집되었다.

종개의 서식지인 강원도 양양군 양양읍

닮은꼴 물고기   대륙종개, 쌀미꾸리

대륙종개 186

쌀미꾸리 189

대륙종개 *Orthrias nudus* (BLEEKER, 1865)
Continental stone loach

방언 : 종개 | 잉어목 | 종개과 | 몸길이 : 12~20cm

| 산란 습성 | 산란 습성에 관해서는 잘 알려져있지 않다. |
| 산란 시기 | 1 2 3 ④ ⑤ 6 7 8 9 10 11 12 |

- **형태** | 몸이 가늘고 길다. 머리는 작고 위아래로 납작하며 뒤쪽으로 갈수록 옆으로 납작하다. 주둥이는 뾰족하다. 입은 작고 바닥을 향해 있다. 입가에는 세 쌍의 입수염이 있다. 눈은 작고 머리 위쪽에 있다. 꼬리지느러미 위아래 끝은 둥글고 끝 면은 직선에 가깝다.
- **색깔** | 전체적으로 황갈색 또는 회갈색이다. 옆줄 위아래로 짙은 갈색 얼룩무늬가 있다. 종개에 비해 무늬가 가늘고 촘촘하다. 등지느러미와 꼬리지느러미에 짧은 줄무늬 반점이 있다. 수컷은 가슴지느러미에 줄무늬가 있다.
- **생활** | 바닥에 돌이나 자갈이 깔린 하천 상류나 물살이 센 계류에 산다.
- **식성** | 잡식성으로 수서곤충의 유충 따위를 먹고 산다.
- **분포** | 북방계 어류로 동해안 삼척 마읍천과 한강, 낙동강, 북한에 서식한다. 몽골과 중국 대륙에도 널리 분포한다.

| 잉어목 | 종개과 |
| 몸길이 : 12~20cm |

대륙종개

대륙종개(왼쪽)와 종개(오른쪽)의 몸통 무늬

대륙종개는 몽고와 중국 대륙까지 분포한다고 해서 대륙종개라는 이름이 붙었다. 종개는 동해안 북부 수계 및 일본 북해도, 사할린, 시베리아 동부 지역에 분포한다. 대륙종개는 종개에 비해 몸에 난 무늬가 촘촘하고 가늘다. 산란기 수컷에 나타나는 추성이 머리 옆면과 더불어 가슴지느러미에도 나타나 가슴지느러미에만 추성이 생기는 종개와 차이를 보이며 몸의 색깔도 더 연하다.

종개

대륙종개

대륙종개

잉어목 I 종개과
몸길이 : 12~20cm

대륙종개의 서식지인 강원도 홍천군 서면

종개, 쌀미꾸리, 새코미꾸리　　닮은꼴 물고기

종개　183

쌀미꾸리　189

새코미꾸리　198

| 잉어목 I 종개과 | *Lefua costata* (KESSLER, 1876) | 방언: 용지리 | 쌀미꾸리 |
| 몸길이 : 5~6cm | **Eight barbel loach** | | |

| 산란 습성 | 수심이 얕은 늪이나 수로의 수초에 알을 붙인다. |
| 산란 시기 | 1 2 3 ④ ⑤ ⑥ 7 8 9 10 11 12 |

- | 형태 | 몸이 길고 원통형이지만 미꾸리보다 길이가 짧고 통통하다. 머리는 작은데, 앞에서 본 모양이 사각형이다. 주둥이는 짧고 뭉툭하다. 입은 주둥이 아래 있으며 앞쪽을 향하고 있다. 위턱이 아래턱보다 길고 입수염은 네 쌍이다. 맨 위에 난 수염은 콧구멍과 같이 있다. 눈은 작고 머리 가운데 위쪽에 있다. 꼬리지느러미는 크고 둥글다.
- | 색깔 | 전체적으로는 갈색인데 등 쪽은 진하고 배 쪽은 옅다. 몸 전체에는 아주 작은 반점들이 흩어져있다. 수컷의 몸 중앙에는 짙은 색으로 가로줄이 있지만 암컷은 이것이 희미하게 나타난다.
- | 생활 | 물살이 느린 소하천이나 늪, 농수로의 수초 지대에 산다.
- | 식성 | 수서곤충을 먹고 산다.
- | 분포 | 우리나라 전역에 분포하지만 그 수는 많지 않다. 중국, 시베리아에도 분포한다.

쌀미꾸리

잉어목 l 종개과
몸길이 : 5~6cm

쌀미꾸리 수컷

쌀미꾸리는 종개와 대륙종개 같은 종개과 물고기 가운데 몸길이가 가장 짧다. 또한 입수염이 네 쌍인데다 몸통에 난 반점이 다른 종과 전혀 달라서 구분하기가 쉽다. 종개와 대륙종개는 물이 비교적 맑은 중상류의 여울 지역에 사는 반면 쌀미꾸리는 늪, 농수로, 소하천처럼 진흙이 깔린 곳에 살기 때문에 생태적으로도 구분된다.

쌀미꾸리는 암컷과 수컷 줄무늬에 차이가 있다고 하지만 반드시 그렇지만은 않다.

머리 앞모습(왼쪽)과 머리 옆모습(오른쪽)

잉어목 I 종개과		쌀미꾸리
몸길이 : 5~6cm		

쌀미꾸리의 서식지인 서울시 강동구

닮은꼴 물고기 미꾸리, 종개

미꾸리 192

종개 183

미꾸리

Misgurnus anguillicaudatus (Cantor, 1842)
Muddy loach
방언 : 미꾸라지

잉어목 | 미꾸리과
몸길이 : 10~17cm

산란 습성	수컷이 암컷의 몸을 감아 알을 낳도록 조인다.
산란 시기	1 2 3 4 5 ⑥ ⑦ 8 9 10 11 12

- **형태** | 몸이 길고 원통형이지만 미꾸라지보다 통통하다. 머리는 작고 앞에서 보면 삼각형이다. 주둥이는 길며 입은 바닥을 향해 있다. 입 모양은 Ω 형태이다. 윗입술에 세 쌍의 입수염이 있고 아랫입술 가운데에는 긴 돌기가 수염처럼 두 쌍으로 나있다. 눈은 아주 작고 머리 위쪽 가운데쯤에 있다. 꼬리지느러미는 둥글다. 몸길이는 암컷이 수컷보다 크다.
- **색깔** | 전체적으로는 갈색이다. 등 쪽은 흑갈색, 배 쪽은 황갈색이지만 사는 곳에 따라 차이가 심하고 개체끼리 차이도 크다. 몸 전체에 검은색 반점들이 아주 작게 흩어져있다.
- **생활** | 진흙이 깔린 늪, 농수로 등에 살지만 하천의 중상류 가장자리의 수초 지역이나 물의 흐름이 느리고 바닥에 모래가 깔린 곳에서 살기도 한다.
- **식성** | 잡식성으로 모기의 애벌레, 조류, 유기물 들을 먹고 산다.
- **분포** | 우리나라 전역에 분포하고 중국, 일본에도 분포한다.

| 잉어목 | 미꾸리과 |
| 몸길이 : 10~17cm |

미꾸리

미꾸리의 머리 옆모습 미꾸리의 꼬리지느러미

   미꾸리는 아가미 호흡 외에 장호흡도 하는데, 수면 위로 입을 내밀어 공기를 마신 후 산소는 창자에서 흡수하고 이산화탄소는 항문을 통해 밖으로 배출한다. 이때 미꾸리의 항문에서는 공기 방울이 생긴다. 그래서 사람이 방귀를 뀌는 듯한 이 모습을 보고 '밑이 구리다'라는 뜻으로 '밑구리'라고 하였고, 이것이 '미꾸리'로 굳어졌다는 설도 있다. 특이한 이중 호흡 습성을 지닌 까닭에 산소가 희박한 물이나 혹은 물 밖에서도 생존력이 강하다. 예로부터 보양식으로 즐겨 이용되어왔다.

미꾸리 수컷(왼쪽)과 암컷(오른쪽)의 가슴지느러미

미꾸리 암수 한 쌍. 앞쪽이 수컷이다.

193

미꾸리

잉어목 | 미꾸리과
몸길이 : 10~17cm

미꾸리의 서식지인 경기도 가평군 청평면

미꾸라지, 새코미꾸리　　**닮은꼴 물고기**

미꾸라지　195

새코미꾸리　198

| 잉어목 | 미꾸리과 | *Misgurnus mizolepis* GÜNTHER, 1888 | | # 미꾸라지 |
| 몸길이 : 20cm | Chinese muddy loach | 방언 : 당미꾸리 | |

| 산란 습성 | 수컷이 암컷의 몸을 감아서 알을 낳도록 조인다. |
| 산란 시기 | 1 2 3 ④ ⑤ ⑥ 7 8 9 10 11 12 |

- **형태** | 몸이 길고 미꾸리보다 납작하다. 머리는 작고 옆으로 납작하다. 주둥이는 길고 입은 바닥을 향해 있다. 입의 모양은 Ω 형태이다. 입수염 세 쌍이 있는데 세 번째 수염은 눈 지름의 네 배 정도 길다. 아랫입술 가운데 긴 돌기 두 쌍이 수염처럼 나있다. 아주 작은 눈이 머리 가운데 위쪽에 있다. 몸 뒤쪽 위아래가 칼날처럼 날카롭게 솟아있다. 꼬리지느러미는 둥글다.
- **색깔** | 전체적으로는 갈색이며 등 쪽은 미꾸리보다 더 진한 흑갈색이고 배 쪽은 황갈색이다. 몸 전체에 검고 조그만 반점들이 흩어져있다.
- **생활** | 물 흐름이 느린 하천 중하류에 산다. 겨울철 논에 파고 들어가 월동하는 습성이 있다.
- **식성** | 잡식성으로 어릴 때에는 동물성 플랑크톤을 먹고, 자라면서 모기 애벌레나 실지렁이, 조류, 유기물 들을 먹고 산다.
- **분포** | 우리나라 전역에 서식하고 중국과 타이완에도 분포한다.

미꾸라지

잉어목 | 미꾸라지과
몸길이 : 20cm

미꾸라지의 꼬리지느러미

미꾸라지의 머리 옆부분(위쪽)과 앞부분(아래쪽). 입수염이 길다.

미꾸라지는 미꾸리와 너무 닮아서 구분하기가 어렵지만 몇 가지 다른 점이 있다. 입수염 길이가 눈 지름보다 4배 정도 되므로 2.5배인 미꾸리보다 길고 몸통도 옆으로 더 납작하다. 미꾸리처럼 아가미 호흡과 함께 장호흡을 한다. 예로부터 인간과 친숙한 물고기여서 미꾸라지에 관한 재미있는 속담도 많이 전해오고 있다. 모기 애벌레인 장구벌레를 하루에 1000여 마리씩 먹어치워 모기의 천적이다. 미꾸리와 마찬가지로 보양식으로 이용되어왔고, 최근에는 중국에서 많이 수입되고 있다.

미꾸라지 수컷(왼쪽)과 암컷(오른쪽)의 가슴지느러미 비교

식용 미꾸라지. 예로부터 대중적인 계절식품이었던 미꾸라지는 삼국시대 이전부터 식용으로 쓰였을 것으로 추정된다.

| 잉어목 | 미꾸리과 |
| 몸길이 : 20cm |

미꾸라지

미꾸라지의 서식지인 전라북도 고창군 상하면

| 닮은꼴 물고기 | 미꾸리, 새코미꾸리 |

미꾸리 192

새코미꾸리 198

| 새코미꾸리 | ***Koreocobitis rotundicaudata*** (Wakiya and Mori, 1929)
White nose loach 방언 : 흰무늬하늘종개 | 잉어목 | 미꾸리과
몸길이 : 12~20cm |

산란 습성	산란 습성에 관해서는 잘 알려져있지 않다.
산란 시기	1 2 3 4 **5** **6** **7** **8** 9 10 11 12

*대한민국 고유종

- | 형태 | 몸이 길고 원통형이다. 머리는 작고 앞에서 본 모양은 뾰족한 삼각형이다. 주둥이는 길고 입이 바닥을 향해 있다. 입 모양은 Ω 형태이다. 입 주변에는 입수염이 세 쌍 있다. 눈은 아주 작고 머리 가운데 위쪽에 있다. 꼬리지느러미 가장자리는 약간 둥글고, 수컷의 가슴지느러미는 암컷에 비해 길다.
- | 색깔 | 전체적으로 선명한 주황색이다. 짙은 갈색으로 작은 반점들이 흩어져있는데 배 쪽으로는 드물다. 등지느러미와 꼬리지느러미에 있는 줄무늬 반점은 안쪽은 듬성하고 바깥쪽은 윤곽을 따라 고르게 펼쳐져있다. 입수염은 몸통 색깔보다 더 선명한 주황색이다.
- | 생활 | 물살이 빠르고 바닥에 자갈이 많이 깔린 하천의 중상류 지역에 산다.
- | 식성 | 잡식성이며 주로 수서곤충과 부착 조류를 먹고 산다.
- | 분포 | 우리나라 임진강과 한강 수계에 제한적으로 분포한다.

잉어목 | 미꾸리과
몸길이 : 12~20cm

새코미꾸리

새코미꾸리의 머리 윗부분

머리 옆모습

몸통 무늬

　미꾸리과 물고기의 수컷 가슴지느러미는 암컷에 비해 길고 뾰족하다. 그 이유는 가슴지느러미의 두 번째 기조*에 골질반*이 형성되어있기 때문이다. 이 골질반은 미꾸리과 물고기의 수컷에만 있는데, 종별로 각각 다른 모양을 하고 있어서 미꾸리과 물고기를 분류하는 기준으로 유용하게 쓰인다. 특히 골질반은 산란기 암컷의 몸을 감싸서 알을 낳도록 하는 데 중요한 역할을 한다.

*기조(鰭條, fin ray)
물고기의 지느러미 막을 지지하는 막대 모양의 골격 구조. 극조와 연조로 구분되며 연골, 경골, 콜라겐 같은 물질로 이루어져있다.

새코미꾸리 수컷(왼쪽)과 암컷(오른쪽)의 가슴지느러미

*골질반(骨質盤, lamina circularis)
미꾸리과 물고기의 가슴지느러미 시작 부분에 있는, 뿌리 부분이 크고 넓은 뼈의 구조. 수컷에게만 있으며 이 골질반으로 인해 가슴지느러미의 두 번째 기조가 길어져 미꾸리과 물고기의 수컷 가슴지느러미는 길고 뾰족한 특징을 나타낸다. 산란기에 암컷의 복부를 조여 알을 낳게 한다.

얼룩새코미꾸리

새코미꾸리

잉어목 | 미꾸리과
몸길이 : 12~20cm

새코미꾸리의 서식지인 강원도 인제군 북면

얼룩새코미꾸리, 미꾸리　　　　닮은꼴 물고기

얼룩새코미꾸리　201

미꾸리　192

* 새코미꾸리는 전 세계에서 대한민국에만 분포하는 고유종이다.

| 잉어목 | 미꾸리과 | ***Koreocobitis naktongensis*** KIM, PARK and NALBANT, 2000 | 얼룩새코미꾸리 |
| 몸길이 : 12~20cm | **Naktong nose loach** | |

| 산란 습성 | 수컷이 암컷의 몸을 감아서 알을 낳도록 조인다. | *대한민국 고유종 |
| 산란 시기 | 1 2 3 4 **5 6** 7 8 9 10 11 12 | 멸종위기야생동식물 Ⅰ급 |

| 형태 | 몸이 길고 원통형이다. 머리는 작고 앞에서 본 모양은 뾰족한 삼각형이다. 주둥이는 길고 입은 바닥을 향해 있다. 입의 모양은 Ω 형태이다. 입 주변에는 입수염이 세 쌍 있다. 눈은 아주 작고 머리 가운데 위쪽에 있다. 수컷의 가슴지느러미는 암컷에 비해 길다.

| 색깔 | 전체적으로 노란색이고 등지느러미와 꼬리지느러미는 짙은 노란색이다. 푸른 갈색의 작은 반점들이 흩어져있고 등지느러미 앞쪽으로는 반점이 크다. 등지느러미와 꼬리지느러미에는 줄무늬 반점이 여러 겹으로 나있다. 입수염 안쪽에도 반점이 있다.

| 생활 | 물살이 빠르고 바닥에 큰 돌이나 자갈이 많이 깔린 하천의 중상류 지역에 산다.

| 식성 | 잡식성으로 부착 조류를 먹고 산다.

| 분포 | 낙동강 수계에만 제한적으로 분포한다.

얼룩새코미꾸리

잉어목 | 미꾸리과
몸길이 : 12~20cm

얼룩새코미꾸리의 주둥이

머리 옆부분

몸통 무늬

　얼룩새코미꾸리는 새코미꾸리와 외형이 거의 같지만 꼬리지느러미 시작 부분(미병부)이 새코미꾸리보다 옆으로 더 납작하고 꼬리지느러미 끝이 거의 일직선이다. 몸 색깔도 새코미꾸리는 주황색, 얼룩새코미꾸리는 노란색으로 분명히 구분되며 몸통에 있는 반점의 크기와 색깔에도 차이가 있어 2000년에 미꾸리과의 새로운 종(種)으로 기록되었다. 우리나라 낙동강 수계에서만 제한적으로 분포한다. 2005년 2월 환경부가 시행한 야생동식물보호법에 의해 '멸종위기야생동식물 Ⅰ급'으로 지정되어 보호받고 있다.

얼룩새코미꾸리 수컷(왼쪽)과 암컷(오른쪽) 가슴지느러미

얼룩새코미꾸리와 겉모습이 비슷한 새코미꾸리

| 잉어목 I 미꾸리과 |
| 몸길이 : 12~20cm |

얼룩새코미꾸리

얼룩새코미꾸리의 서식지인 경상남도 함양군 휴천면

| 닮은꼴 물고기 | 새코미꾸리, 미꾸리 |

새코미꾸리 198

미꾸리 192

* 얼룩새코미꾸리는 대한민국에만 분포하는 고유종이다.

참종개

Iksookimia koreensis (Kim, 1975)
Korean spine loach

방언 : 하늘종개

잉어목 | 미꾸리과
몸길이 : 10~18cm

| 산란 습성 | 수컷이 암컷의 몸통을 조여 산란한다. |
| 산란 시기 | 1 2 3 4 5 ⑥ ⑦ 8 9 10 11 12 |

*대한민국 고유종

형태	몸이 길고 통통하다. 머리는 작고 앞에서 본 모양은 뾰족한 삼각형이다. 주둥이는 그리 길지 않고 끝은 둥글다. 입은 바닥을 향한다. 입은 Ω 모양이고 긴 입수염이 세 쌍 있다. 눈은 작고 머리의 가운데 위쪽에 있다. 수컷은 가슴지느러미가 암컷에 비해 길다. 세장형의 골질반이 있다.
색깔	전체적으로 옅은 갈색이다. 등에는 짙은 갈색의 굵은 가로 무늬가 배열되어있고 그 밑으로는 구름무늬가 옆줄까지 이어지며 그 아래로는 불규칙한 톱니 모양 무늬가 10~18개 정도 배열되어 있다. 등지느러미와 꼬리지느러미에는 방사형의 줄무늬로 이루어진 띠가 3~4겹 나있다.
생활	물이 맑고 물살이 빠르며 바닥에 자갈이 많이 깔린 하천 중상류에 산다.
식성	잡식성으로 깔따구 애벌레, 수서곤충, 부착 조류, 유기물 들을 먹는다.
분포	노령산맥 이북의 서해로 흐르는 임진강, 한강, 금강, 만경강, 동진강과 삼척 오십천, 마읍천에 서식한다.

잉어목 | 미꾸리과
몸길이 : 10~18cm

참종개

참종개 수컷(왼쪽)과 암컷(오른쪽)의 가슴지느러미

참종개는 1975년 전북대학교 김익수 교수에 의하여 발표된 신종이며 우리나라 민물고기 최초로 우리 연구자에 의한 신종 보고이기도 하다. 이를 계기로 기름종개 한 종(種)으로만 알려져왔던 많은 기름종개과 물고기의 분류학적 연구가 진행되었다. 그 결과 기름종개속(*Cobitis*)으로 분류되어왔던 부안종개, 미호종개, 왕종개, 남방종개, 동방종개가 참종개와 함께 새로운 참종개속(*Iksookimia*)으로 분류되었다. 세계적인 어류학자인 루마니아의 날반트(Nalbant) 박사가 김익수 교수를 기념하기 위해 1993년 그의 논문에 '*Iksookimia*'라는 속명을 제안하였다.

참종개 수컷

참종개 암컷

참종개

| 잉어목 | 미꾸리과 |
| 몸길이 : 10~18cm |

참종개의 서식지인 경기도 가평군 하면

왕종개, 부안종개, 동방종개 | 닮은꼴 물고기

왕종개 213

부안종개 207

동방종개 219

* 참종개는 전 세계에서 대한민국에만 분포하는 고유종이다.

잉어목	미꾸리과	*Iksookimia pumila* (KIM and LEE, 1987)		부안종개
몸길이 : 6~8cm		**Buan spine loach**	방언 : 호랑미꾸리	

| 산란 습성 | 수컷이 암컷의 몸을 감아서 알을 낳도록 조인다. | *대한민국 고유종 |
| 산란 시기 | 1 2 3 4 ⑤ ⑥ ⑦ 8 9 10 11 12 | |

| 형태 | 몸이 길고 통통하다. 머리는 작고 앞에서 본 모양이 뾰족한 삼각형이다. 주둥이는 그리 길지 않고 끝은 둥글다. 주둥이 밑에 있는 입은 바닥을 향하고 있으며 Ω 모양이다. 긴 입수염이 세 쌍 있다. 눈은 작고 머리 가운데 위쪽에 있다. 수컷의 가슴지느러미는 암컷에 비해 긴데, 가늘고 긴 골질반이 있다. 참종개속 물고기 가운데 가장 작다.
| 색깔 | 몸은 옅은 갈색이고 등에는 진갈색의 굵은 가로무늬가 7~10개 배열되어있으며 그 밑으로는 구름무늬가 거의 없거나 전혀 없다. 옆줄 아래로는 불규칙한 긴 세로 무늬가 5~10개 있다. 등지느러미와 꼬리지느러미에는 방사형 줄무늬로 이뤄진 띠가 2~3겹으로 나있다.
| 생활 | 물이 차갑고 맑으며 흐름이 느린 하천에서 바위와 자갈, 모래가 많이 깔린 바닥에 산다.
| 식성 | 잡식성으로 수서곤충, 깔따구 애벌레, 부착 조류, 유기물 들을 먹고 산다.
| 분포 | 우리나라의 전라북도 부안군 백천에만 제한적으로 분포한다.

부안종개

| 잉어목 | 미꾸리과 |
몸길이 : 6~8cm

부안종개의 머리 앞모습(왼쪽)과 옆모습(오른쪽)

부안종개는 참종개보다 크기가 작고 포란량*은 적으며 알이 크다. 몸에 난 무늬는 모양이 다르지만 종(種)을 구분하는 데 중요한 기준이 되는 골질반이 비슷하여 1987년 같은 종 안에서 새로운 아종(亞種, subspecies)으로 기록되었으나, 이후 교배* 실험 등에서 별도의 종으로 보여 참종개속(屬) 중에서 새로운 종으로 분류되었다. 1996년 부안댐이 완공된 후에 그 수가 급격히 줄어 환경부에서 보호종으로 지정·보호하였으나 2005년 멸종 위기종을 다시 지정할 때는 제외되어 멸종할 우려가 있다.

부안종개 수컷(왼쪽)과 암컷(오른쪽)의 가슴지느러미

부안종개 암컷

*포란량(抱卵量)
어류, 파충류, 양서류, 조류 들의 암컷이 몸속에 가지고 있는 알의 양.

*교배(交配)
생물의 암수를 인공적으로 수정(受精)시키는 일. 자연적인 교배도 있다.

잉어목	미꾸리과
몸길이 : 6~8cm	

부안종개

부안종개의 서식지인 전라북도 부안군 상서면

닮은꼴 물고기   남방종개, 동방종개, 참종개

남방종개 216

동방종개 219

참종개 204

• 부안종개는 전 세계에서 대한민국에만 분포하는 고유종이다.

미호종개 *Iksookimia choii* (Kim and Son, 1984)
Miiho spine loach

잉어목 | 미꾸리과
몸길이 : 7~12cm

| 산란 습성 | 모래바닥에서 수컷이 암컷의 몸을 조여 산란한다. |
| 산란 시기 | 1 2 3 4 ⑤ ⑥ ⑦ 8 9 10 11 12 |

*대한민국 고유종
멸종위기야생동식물 I급, 천연기념물 제454호

| 형태 | 몸이 날렵한 유선형이다. 머리는 작고 주둥이는 뾰족하다. 입은 바닥을 향해 있다. 입에는 길지 않은 입수염이 세 쌍 있으며, 머리 위쪽에 작은 눈이 있다. 가슴지느러미는 수컷이 암컷에 비해 길다. 골질반은 세장형이며 거치(톱니)가 있어서 다른 유사종과 구분된다.
| 색깔 | 몸은 옅은 황갈색, 배는 은백색이다. 몸 중앙에는 붓으로 찍은 듯한 진갈색 반점이 배열되어 있고 그 위 불규칙한 반점들은 등에서 이어진 굵은 가로줄 말단부와 이어져 마치 표범 무늬처럼 보인다. 등지느러미와 꼬리지느러미에는 3줄의 줄무늬가 띠를 이루고 있다.
| 생활 | 물살이 느리며 수심이 얕고 바닥이 모래인 하천 중류에 서식하는데, 주로 모래 속에서 지내다가 먹이를 먹기 위하여 모래 위로 나온다.
| 식성 | 먹이에 관해서는 잘 알려지지 않았으나 주로 규조류를 먹고 사는 것으로 보인다.
| 분포 | 금강 수계에만 서식한다. 금강 본류의 중류, 미호천, 갑천 같은 소하천에 분포한다.

| 잉어목 I 미꾸리과 |
| 몸길이 : 7~12cm |

미호종개

미호종개 수컷(왼쪽)과 암컷(오른쪽)의 가슴지느러미   미호종개의 꼬리지느러미

 미호종개는 1984년 신종으로 기록된 아주 희귀한 물고기이다. 충청북도 금강의 지류인 미호천 수계에서 처음 발견되어 '미호종개'라는 이름이 붙었다. 최근(2000년 이후) 들어 미호천 본류에서는 발견되지 않고 대전 갑천 같은 일부 수계에서 드물게 발견된다. 세계적으로 한반도에서만 서식하는 이 특별한 물고기는 멸종 위기에 처해 있어 보호를 위한 특별한 대책이 필요하다. 2005년 2월 환경부가 시행한 야생동식물보호법에 의해 '멸종위기야생동식물 I급'으로 지정되어있고, 2005년 3월 17일에 천연기념물(제454호)로도 지정되었다.

미호종개 암컷과 수컷. 사진에서 아래에 있는 것이 암컷이다.   미호종개 암컷과 수컷 머리 부분

미호종개

잉어목 | 미꾸리과
몸길이 : 7~12cm

미호종개의 서식지인 충청북도 청원군 강내면

점줄종개, 줄종개, 북방종개　　　닮은꼴 물고기

점줄종개　225

줄종개　228

북방종개　231

* 미호종개는 전 세계에서 대한민국에만 분포하는 고유종이다.

| 잉어목 | 미꾸리과 | *Iksookimia longicorpus* (Kim, Choi and Nalbant, 1976) | 왕종개 |
| 몸길이 : 10~18cm | | King spine loach | |

| 산란 습성 | 수컷이 암컷의 몸을 감아서 알을 낳도록 조인다. | *대한민국 고유종 |
| 산란 시기 | 1 2 3 4 ⑤ ⑥ ⑦ 8 9 10 11 12 | |

| 형태 | 몸이 길고 굵으며 옆으로 약간 납작하다. 머리는 작고 주둥이가 길면서 끝이 뾰족하다. 입은 주둥이 아래 있으며 바닥을 향해 있다. 입에는 입수염이 세 쌍이 있다. 눈은 작고 머리 가운데 위쪽에 있다. 가슴지느러미는 수컷이 암컷에 비해 길고, 골질반은 원형으로 부풀어있다.
| 색깔 | 전체적으로 옅은 황색이고 등에는 짙고 굵은 마디로 배열된 가로무늬가 배까지 연결되는데 길이가 일정치 않고 끝이 뾰족하다. 몸 중간에는 지그재그로 불규칙한 무늬가 등에서 내려오는 가로무늬를 관통한다. 등지느러미와 꼬리지느러미에 줄무늬로 된 띠가 3~4겹 있다.
| 생활 | 물이 맑고 물살이 빠르며 바닥에 자갈이 많이 깔린 하천의 중상류 지역에 산다.
| 식성 | 잡식성인데, 주로 수서곤충을 먹고 산다.
| 분포 | 섬진강·낙동강·남해안으로 흘러드는 하천 일부, 그리고 이들과 이웃하는 섬 지방 하천에 분포한다. 울산 태화강 이남(기장) 하천에도 서식한다.

왕종개

잉어목 | 미꾸리과
몸길이 : 10~18cm

왕종개 수컷의 머리 옆모습과 가슴지느러미

왕종개 암컷의 가슴지느러미

왕종개는 미꾸리과 물고기 가운데 몸이 가장 길고 굵다. 몸통 무늬는 남방종개와 비슷하지만, 배 쪽으로 내려오는 줄무늬가 더 굵고 긴 쪽이 왕종개이다. 전에는 남방종개와 동방종개도 왕종개에 포함되어 있었지만 영산강을 중심으로 분포하는 남방종개는 무늬에서 차이가 많으며, 동해 남부를 중심으로 분포하는 동방종개와는 염색체 수에서 차이가 있어 다른 종으로 분리되었다.

왕종개 머리 앞모습

왕종개 등 무늬(위쪽)과 암컷(아래쪽)

| 잉어목 | 미꾸리과 |
| 몸길이 : 10~18cm |

왕종개

왕종개의 서식지인 경상남도 함양군 유림면

닮은꼴 물고기 남방종개, 동방종개, 참종개

남방종개 216

동방종개 219

참종개 204

* 왕종개는 전 세계에서 대한민국에만 분포하는 고유종이다.

| 남방종개 | *Iksookimia hugowolfeldi* NALBANT, 1993
Southern king spine loach | 잉어목 | 미꾸리과
몸길이 : 10~15cm |

| 산란 습성 | 수컷이 암컷의 몸을 감아서 알을 낳도록 조인다. |
| 산란 시기 | 1 2 3 4 **5 6** 7 8 9 10 11 12 |

*대한민국 고유종

- **형태** | 몸 형태는 통통하며 옆으로 약간 납작하다. 머리는 긴 편이다. 주둥이는 뾰족하며 그 밑에 있는 입은 아래쪽을 향하고 있다. 입 모양은 Ω 형태인데 긴 입수염이 세 쌍이 있다. 눈은 작고 머리 가운데 위쪽에 있다. 가슴지느러미는 수컷이 암컷에 비해 길다. 골질반은 둥근 혹 모양으로 생겼다.
- **색깔** | 전체적으로 옅은 황색이다. 등에는 짙은 갈색 가로무늬가 굵은 마디로 배열되어있고 그 아래로는 구름무늬가 길게 있는데, 이것은 끝이 뾰족한 9~11개 세로무늬와 연결되어있다. 등지느러미와 꼬리지느러미에는 줄무늬로 이뤄진 띠가 3~4겹으로 나있다.
- **생활** | 물살이 느리며 바닥에 모래와 자갈이 깔린 하천의 중하류 지역에 산다.
- **식성** | 잡식성으로 알려져있으나 주로 수서곤충을 먹고 산다.
- **분포** | 영산강, 탐진강, 서남해의 소하천에 분포한다.

| 잉어목 | 미꾸리과 |
| 몸길이 : 10~15cm |

남방종개

남방종개 머리 앞모습(왼쪽)과 머리 옆모습(오른쪽)

남방종개는 왕종개와 겉모습이 비슷하지만 몸통 무늬와 크기면에서 조금 차이를 보인다. 왕종개는 물 흐름이 빠르고 바닥에 굵은 자갈이 많이 깔린 중상류 여울부에 서식하는 반면, 남방종개는 물 흐름이 느리거나 정체되어있고 바닥에 모래와 자갈이 섞여있는 중하류 수역에 서식한다.

남방종개 수컷(위쪽)과 암컷(아래쪽)의 가슴지느러미

남방종개 암컷

○●● 물고기 미각은 혀에만 있는 것이 아니다

물고기에게는 후각, 시각, 청각, 옆줄 같은 감각기관과 함께 맛을 느끼는 기관도 있다. 이들에게는 구강뿐만 아니라 머리와 몸통에도 작은 구멍으로 된 미각기관이 있고, 사람 혀에 있는 것과 같이 맛봉우리라고 하는 미뢰(味蕾, taste bud)가 잘 발달되어있다. 미뢰로는 단맛, 짠맛, 쓴맛 따위를 느끼는데, 이것은 입술이나 입속, 수염 또는 몸의 표면 들에 분포한다.
일부 메기류는 입수염에도 미각 기능이 있어 시각 기능이 떨어진다는 단점을 보완해주고 먹이를 찾는 데 이용된다.

남방종개

잉어목 | 미꾸리과
몸길이 : 10~15cm

남방종개의 서식지인 전라남도 함평군 대동면

왕종개, 동방종개, 참종개   닮은꼴 물고기

왕종개 213

동방종개 219

참종개 204

• 남방종개는 전 세계에서 대한민국에만 분포하는 고유종이다.

| 잉어목 | 미꾸리과 | ***Iksookimia yongdokensis*** KIM and PARK, 1997 | 동방종개 |
| 몸길이 : 10cm | | **Eastern spine loach** | |

| 산란 습성 | 수컷이 암컷의 몸을 감아서 알을 낳도록 조인다. | *대한민국 고유종 |
| 산란 시기 | 1 2 3 4 5 ⑥ ⑦ 8 9 10 11 12 (추정) | |

| 형태 | 몸이 굵고 통통하다. 머리는 길고 주둥이는 뭉툭하다. 주둥이 아래 있는 입은 바닥을 향하고 있다. 입에는 입수염이 세 쌍 있는데 세 번째 것이 가장 길다. 눈은 작고 약간 앞쪽에 있다. 수컷의 가슴지느러미는 암컷에 비해 길고 골질반은 원 모양에 가까운 삼각형이다.
| 색깔 | 전체적으로 옅은 황색이다. 등에는 굵은 마디로 된 진갈색 가로무늬 7~8개가 배열되어있고, 그 아래로는 잔구름무늬가 고드름 모양의 무늬 9~13개와 연결된다. 등지느러미와 꼬리지느러미에는 줄무늬로 된 띠가 3~4겹으로 나있다.
| 생활 | 물살이 느리거나 거의 없고 모래와 자갈이 깔린 깨끗한 하천의 중하류 바닥에 산다.
| 식성 | 잡식성으로 조류나 수서곤충을 주로 먹고 산다.
| 분포 | 동해로 흐르는 형산강, 영덕의 오십천, 그리고 축산천이나 송천천에 분포한다.

동방종개

잉어목 | 미꾸리과
몸길이 : 10cm

동방종개 머리 앞모습(왼쪽)과 머리 옆모습(오른쪽)

동방종개 수컷(위쪽)과 암컷(아래쪽)의 가슴지느러미

동방종개는 남방종개, 왕종개와 몸통 무늬가 비슷하여 언뜻 보기엔 구분하기가 쉽지 않지만 아가미 뒤쪽 1~2번째 고드름 모양의 무늬가 다른 두 종보다 흐릿하거나 흔적만 남아있어 이것으로 비교할 수 있다. 비늘과 골질반의 형태도 서로 다르지만 육안으로는 구분하기가 쉽지 않다. 염색체 수로 다른 종과 구분한다.

동방종개 암컷

○●● 눈이 어두우면 냄새로…

후각은 물고기에게 무엇보다도 중요한 감각이다. 특히 깊은 바다 밑바닥에 사는 물고기나 밤에 주로 활동하는 야행성 물고기들에게 후각은 시각을 대신하는 감각기관이기 때문에 이것이 매우 잘 발달해 있다.
냄새를 맡는 기관인 비강은 주둥이 위쪽 바깥에 있으며 이 안에 냄새를 지각하는 후세포가 모여서 된 후방(嗅房)이 있다. 물은 전비공(前鼻孔)으로 들어가 후방을 거쳐 후비공(後鼻孔)으로 흘러나가는데, 물에 녹아있는 먹이물질에서 나온 화학성분이 후세포를 자극하고 이것이 후신경을 거쳐 뇌로 전달된다. 눈이 퇴화되거나 아주 작은 물고기는 후각으로 먹이를 찾으며 민물과 바닷물을 오가는 회유성 물고기들도 후각에 의지해 이동한다.

잉어목 I 미꾸리과
몸길이 : 10cm

동방종개

동방종개의 서식지인 경상북도 경주시 안강읍

닮은꼴 물고기 왕종개, 남방종개, 참종개

왕종개 213

남방종개 216

참종개 204

* 동방종개는 전 세계에서 대한민국에만 분포하는 고유종이다.

| 기름종개 | *Cobitis hankugensis* Kim, Park, Son and Nalvant, 2003
Spine loach   방언 : 하늘종개 | 잉어목ㅣ미꾸리과
몸길이 : 10~15cm |

산란 습성	수컷이 암컷의 몸을 감아 알을 낳도록 조인다.
산란 시기	1 2 3 4 ⑤ ⑥ 7 8 9 10 11 12

- 형태 | 몸이 길며 좌우로 납작하다. 머리는 길고 주둥이는 뾰족하다. 입은 주둥이 밑에 있고 아래쪽을 향한다. 입에는 긴 입수염이 세 쌍 있다. 세 번째 수염이 가장 길다. 눈은 작고 머리 위쪽에 있다. 눈의 간격은 좁다. 수컷의 가슴지느러미는 암컷에 비해 길며 골질반은 원형이다.
- 색깔 | 전체적으로 옅은 황색이다. 등 아래부터 몸 중앙까지 감베타 반문*이 뚜렷하게 나타나고 배 쪽으로는 무늬가 없다. 등에는 짙은 갈색의 굵은 무늬가 있는데 뒤쪽으로 첫 번째 줄무늬와 맞닿는다. 등지느러미와 꼬리지느러미에는 검은색 띠가 2~3겹으로 나있다.
- 생활 | 물살이 느리며 바닥에 모래가 깔린 하천의 중상류 지역에 산다.
- 식성 | 잡식성으로 부착 조류와 수서곤충, 절지동물 들을 먹고 산다.
- 분포 | 우리나라에서는 낙동강 수계와 형산강에만 서식하며 중국에도 분포한다.

| 잉어목 I 미꾸리과 |
| 몸길이 : 10~15cm |

기름종개

기름종개 머리 앞모습(왼쪽)과 머리 옆모습(오른쪽)

기름종개, 점줄종개, 줄종개, 북방종개 같은 기름종개속(屬, *cobitis*) 물고기 몸에는 서로 다른 모양의 줄무늬가 네 줄 있는데, 이를 감베타 반문(Gambetta's Zone)이라 한다. 이 감베타 반문은 모든 기름종개속 물고기마다 고유의 특징이 있어 분류하는 데 중요한 단서가 된다. 산란기에 기름종개 수컷은 몸에 있는 첫 번째와 네 번째 줄의 반점이 약간 흐려지고 좌우로 길어져 거의 붙게 된다.

기름종개 수컷 가슴지느러미(위쪽)와 암컷(아래쪽)의 가슴지느러미

*감베타 반문(Gambetta's Zone)
미꾸리과 어류의 몸에 나있는 규칙적인 무늬(반문) 군(群)을 말한다. 이 무늬를 비교하여 미꾸리과 어류를 구분한다. 이 구분 방법은 이탈리아 어류학자 감베타가 고안하였으며 감베타 반문, 또는 감베타 존이라 부른다.

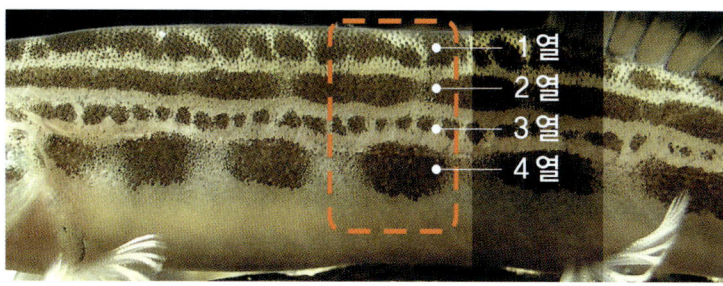

기름종개의 몸통 무늬(감베타 반문)

기름종개

잉어목 | 미꾸리과
몸길이 : 10~15cm

기름종개의 서식지인 경상남도 산청군 삼장면

점줄종개, 줄종개　　　　닮은꼴 물고기

점줄종개　225

줄종개　228

| 잉어목 | 미꾸리과 |
| 몸길이 : 8cm |

Cobitis lutheri RENDAHL, 1935
Sand spine loach

점줄종개

| 산란 습성 | 수컷이 암컷의 몸을 감아 알을 낳도록 조인다.
| 산란 시기 | 1 2 3 4 **5 6** 7 8 9 10 11 12

| 형태 | 몸이 가늘고 길며 좌우로 납작하다. 머리는 길고 콧잔등이 좁다. 주둥이는 뾰족하고 그 밑에 있는 입은 작으며 바닥을 향하고 있다. 입 모양은 Ω 형태이고 긴 입수염이 세 쌍 있다. 눈은 작고 머리 위쪽에 있으며 간격이 좁다. 암컷이 수컷보다 크다.
| 색깔 | 전체적으로 옅은 황색이다. 등에서부터 몸 중앙까지 각기 다른 네 줄의 점줄무늬가 차례로 있다. 등에는 짙고 굵은 갈색 무늬가 있는데, 이것은 뒷부분에서 몸 가운데 있는 제1열 줄무늬와 맞닿는다. 등지느러미와 꼬리지느러미에는 검은색 띠가 2~4겹으로 나있다.
| 생활 | 바닥에 모래나 펄이 깔리고 물이 비교적 깨끗하면서 물살이 느린 하천의 중하류 지역에 산다.
| 식성 | 잡식성으로 주로 수서곤충을 먹고 산다.
| 분포 | 서남해로 흐르는 하천에 서식한다. 중국과 시베리아 동부까지 분포한다.

점줄종개

잉어목 | 미꾸리과
몸길이 : 8cm

점줄종개 머리 앞모습(왼쪽)과 머리 옆모습(오른쪽)

점줄종개의 몸통에 나타나는 점줄무늬(감베타 반문)는 기름종개와 비슷하지만 제4열 점줄무늬가 약간 가늘고 반점 사이사이에 있는 흐릿한 흔적들이 기름종개의 또렷하고 독립적인 점줄무늬와 구분된다. 수컷은 산란기에 제2, 제4열의 반점들이 양옆으로 길어지면서 완전한 줄무늬가 형성되고, 나머지 제1열과 3열은 흐려진다. 또 암컷이 수컷보다 체구가 커서 암수가 다른 성적이형*을 보인다.

점줄종개 수컷(위쪽)과 암컷(아래쪽)의 가슴지느러미

*성적이형(性的二型, sex dimorphism)
암컷과 수컷의 개체가 따로 있는 자웅이체(雌雄異體, gonochorism) 동물의 경우 암수가 외형이나 무늬에 차이가 있어 별도의 종으로 보이는 현상.

점줄종개의 등 무늬

점줄종개 산란기 수컷

| 잉어목 | 미꾸리과 |
| 몸길이 : 8cm |

점줄종개

점줄종개의 서식지인 전라북도 완주군 전주천

닮은꼴 물고기
기름종개, 줄종개, 북방종개

기름종개 222

줄종개 228

북방종개 231

| 줄종개 | ***Cobitis tetralineata*** KIM, PARK and NALBANT, 1999
Striped spine loach | 잉어목 | 미꾸리과
몸길이 : 10~15cm |

| 산란 습성 | 수컷이 암컷의 몸을 감아서 알을 낳도록 조인다. |
| 산란 시기 | 1 2 3 4 5 ⑥ ⑦ ⑧ 9 10 11 12 |

*대한민국 고유종

| 형태 | 몸이 가늘고 길며 좌우로 납작하다. 머리는 길고 주둥이는 뾰족하다. 입은 주둥이 밑에 있고 아래쪽을 향하고 있다. 입 모양은 Ω 형태이고 3쌍의 긴 입수염 세 쌍이 있다. 눈은 작은데 머리 위쪽에 있다. 수컷의 가슴지느러미는 암컷에 비해 길고 골질반은 원형이다.
| 색깔 | 몸은 옅은 황색이며 머리에는 등에서 이어진 가는 줄무늬가 눈을 지나 주둥이 끝으로 나 있다. 몸에는 줄무늬 네 줄이 차례로 있는데 제3열은 가늘다. 배에는 무늬가 없다. 등 쪽의 제1열 줄무늬는 등지느러미를 지나면서 뒤쪽의 굵은 반점과 만난다. 등지느러미와 꼬리지느러미에는 검은색 띠가 2~3겹으로 나있다.
| 생활 | 물살이 느리고 비교적 깨끗하며 바닥에 모래가 깔린 하천의 중류 지역에 산다.
| 식성 | 식성은 잘 알려지지 않았지만 수서곤충이나 부착 조류를 먹는 잡식성으로 추정된다.
| 분포 | 섬진강의 본류에만 서식했지만 강 유역이 변경된 이후로 동진강 칠보천 상류에도 분포한다.

| 잉어목 | 미꾸리과 |
| 몸길이 : 10~15cm |

줄종개

줄종개의 머리 앞모습(왼쪽)과 옆모습(오른쪽)

줄종개 수컷(왼쪽)과 암컷(오른쪽)의 가슴지느러미

줄종개는 기름종개나 점줄종개에 비해 몸통에 난 줄무늬 모양(감베타 반문)이 달라 비교적 구분이 쉽다. 하지만 산란기에는 이들 두 종의 수컷 몸통에 있던 반점들이 좌우로 길어지면서 간격이 사라지고 온전한 줄무늬로 바뀐다. 이 때문에 산란기에 이들 3종을 맨눈으로 구분하기가 매우 어렵고 자칫하면 혼동하기 십상이다. 그렇지만 분포하는 곳이 각기 다르기 때문에 이들을 분명하게 구분하기 위해서는 분포 지역을 정확히 파악하는 것이 무엇보다 중요하다.

산란기 점줄종개의 수컷

줄종개

잉어목 | 미꾸리과
몸길이 : 10~15cm

줄종개의 서식지인 전라북도 임실군

기름종개, 점줄종개, 북방종개   닮은꼴 물고기

기름종개 222

점줄종개 225

북방종개 231

• 줄종개는 전 세계에서 대한민국에만 분포하는 고유종이다.

| 잉어목 | 미꾸리과 | ***Cobitis pacifica*** Kim, Park and Nalbant, 1999 | 북방종개 |
| 몸길이 : 8~10cm | **Northern loach** | |

| 산란 습성 | 수컷이 암컷의 몸을 감아서 알을 낳도록 조인다. | *대한민국 고유종 |
| 산란 시기 | 1 2 3 4 5 ⑥ ⑦ ⑧ 9 10 11 12 (추정) |

| 형태 | 몸이 가늘고 길며 옆으로 납작하다. 몸통이 끝나는 부분은 가늘다. 머리는 길고 납작하며 주둥이는 뾰족하다. 입은 작고 바닥을 향한다. 입수염이 세 쌍 있다. 눈은 작고 머리 가운데 위쪽에 있다. 수컷의 가슴지느러미는 암컷보다 길고 골질반은 원에 가까운 삼각형이다.
| 색깔 | 전체적으로 연한 갈색인데 등 쪽은 짙고 배 쪽은 옅다. 머리 위에서 눈을 지나 주둥이 끝으로 짙은 갈색의 줄무늬가 있다. 등에는 2~3줄의 불완전한 줄무늬가 있고 몸통 가운데에는 10~12개의 직사각형 또는 원형, 역삼각형의 짙은 갈색 무늬가 배열되어있다. 등지느러미와 꼬리지느러미에는 줄무늬로 이뤄진 띠가 3~4겹으로 나있다.
| 생활 | 모래가 깔린 하천의 중하류에 산다. 주로 모래 속에서 지내다가 먹이를 먹을 때 위로 나온다.
| 식성 | 주로 부착 조류와 수서곤충을 먹고 사는 잡식성 물고기이다.
| 분포 | 강릉 남대천 이북의 동해로 흐르는 하천에만 분포한다.

북방종개

잉어목 | 미꾸리과
몸길이 : 8 ~ 10cm

북방종개 머리 앞모습(왼쪽)과 머리 옆모습(오른쪽)

 북방종개는 강원도 강릉 남대천 이북의 하천에만 산다. 이전에는 한반도 동북부와 시베리아 등지에 광범위하게 분포하는 종인 *Cobitis melanoleuca*로 기재했지만, 몸통 무늬와 골질반의 형태, 그리고 그 특징이 달라 1999년에 다른 종(種)으로 기재되었다. 혼동을 피하기 위하여 우리말 이름은 그대로 사용되지만, 학명은 *Cobitis pacifica*로 변경되었다.

북방종개 수컷(위쪽)과 암컷(아래쪽)의 가슴지느러미

몸통 무늬가 다른 북방종개

북방종개 암컷

| 잉어목 | 미꾸리과 |
| 몸길이 : 8~10cm |

북방종개

북방종개의 서식지인 강원도 고성군 간성읍

닮은꼴 물고기　　동방종개, 미호종개, 참종개

동방종개 219

미호종개 210

참종개 204

• 북방종개는 전 세계에서 대한민국에만 분포하는 고유종이다.

수수미꾸리 *Niwaella multifasciata* (Wakiya and Mori, 1929)
Eastern spine loach 방언 : 줄무늬하늘종개

잉어목 | 미꾸리과
몸길이 : 15~18cm

산란 습성	수컷이 암컷의 몸을 감아서 알을 낳도록 조인다.
산란 시기	❶ ❷ ❸ 4 5 6 7 8 9 10 ⓫ ⓬

*대한민국 고유종

형태	몸이 가늘고 길며 옆으로 납작하다. 미꾸리과 가운데 머리가 가장 작고 주둥이는 둥글다. 입은 바닥을 향해 있다. 입 모양은 Ω 형태이고 매우 짧은 입수염이 세 쌍 있다. 눈은 작고 머리 가운데 위쪽에 있다. 등지느러미는 몸 뒤쪽으로 나있으며 다른 미꾸리과 물고기와는 달리 가슴지느러미 크기에서 암수 차이가 없고 수컷에 골질반이 없다.
색깔	전체적으로 노란색이며 머리, 주둥이, 입수염, 가슴지느러미, 배지느러미는 주황색이다. 머리에 작은 반점이 촘촘히 있고, 등과 몸에는 13~18개의 짙은 갈색 띠가 수직으로 혹은 비스듬히 연결되어있다. 등지느러미와 꼬리지느러미에는 2~3줄의 넓은 줄무늬가 있다.
생활	물살이 빠르고 바닥에 큰 자갈이 깔린 낙동강 상류 맑은 물의 자갈과 돌 밑에 산다.
식성	잡식성으로 주로 부착 조류를 먹고 산다.
분포	우리나라의 낙동강 수계에만 제한적으로 분포한다.

| 잉어목 | 미꾸리과 |
| 몸길이 : 15~18cm |

수수미꾸리

수수미꾸리의 입 모양

머리 앞모습

머리 옆모습

수수미꾸리의 다양한 몸통 무늬

　수수미꾸리는 미꾸리과 물고기 가운데서도 특이하게 수컷에게도 골질반이 없고 암수가 가슴지느러미 모양도 같고 무늬도 같다. 수수미꾸리속(屬)인 *Niwaella*에 속하는 어류가 일본에 1종 더 있다. 이 두 종은 모두 겨울철에 산란을 하여 다른 미꾸리과 물고기들과 차이를 보인다. 몸에 난 무늬가 특이하고 머리도 매우 작아서 다른 미꾸리과 물고기 중에서도 구별하는 것이 수월한 편이다. 낙동강 수계에만 제한적으로 서식하고 있어 보호가 필요한 종이다.

수수미꾸리

잉어목 I 미꾸리과
몸길이 : 15~18cm

수수미꾸리의 서식지인 경상남도 산청군 시천면

좀수수치, 왕종개   닮은꼴 물고기

좀수수치 237

왕종개 213

* 수수미꾸리는 전 세계에서 대한민국에만 분포하는 고유종이다.

| 잉어목 | 미꾸리과 | ***Kichulchoia brevifasciata*** KIM and LEE, 1995 | 좀수수치 |
| 몸길이 : 5cm | **Little loach** | 방언 : 기름쟁이 | |

| 산란 습성 | 산란 습성에 관해서는 잘 알려져있지 않다. |
| 산란 시기 | 1 2 3 ❹ ❺ 6 7 8 9 10 11 12 |

*대한민국 고유종

| 형태 | 몸이 가늘고 길며 옆으로 납작하다. 머리는 미꾸리과 중에서 가장 작고 주둥이는 둥글다. 입은 바닥을 향해 있다. 등지느러미는 몸 뒤쪽에 위치하고 있으며 다른 미꾸리과 물고기와 달리 가슴지느러미 크기에서 암수 차이가 없고 골질반도 없다. 꼬리 부분(미병부)은 위 아래가 솟아있어 높게 보인다.

| 색깔 | 몸은 옅은 갈색이다. 등에는 짙은 갈색으로 굵은 가로 무늬가 나있고, 밑으로는 구름무늬가 옆줄까지 이어지며 옆줄 아래로는 끝이 뾰족하고 불규칙한 세로무늬가 13~19개 정도 있다. 등지느러미와 꼬리지느러미에는 방사형 줄무늬로 이뤄진 띠가 2~4겹으로 나있다.

| 생활 | 수심이 얕고 물 흐름이 빠른 소하천의 자갈과 모래 속에서 산다.

| 식성 | 잡식성으로 알려져있으며, 주로 부착 조류와 수서곤충을 먹고 산다.

| 분포 | 전남 고흥반도(풍양), 거금도, 금오도의 작은 소하천에만 제한적으로 분포한다.

좀수수치

잉어목 | 미꾸리과
몸길이 : 5cm

좀수수치

좀수수치의 머리 앞모습(위쪽)과 머리 옆모습(아래쪽)

좀수수치는 미꾸리과 물고기 가운데 크기가 가장 작다. 암수 모두 골질반이 없으며 가슴지느러미 모양과 무늬가 비슷하여 수수미꾸리속(*Niwaella*)으로 분류되어있었으나 재검토 결과 무늬와 입 모양 등에서 차이가 있어 좀수수치속(*Kichulchoia*)으로 분류되었다. 크기가 작고, 미병부 위아래로 융기가 뚜렷하며, 머리가 매우 작아서 구분하기가 쉽다. 전남 일부 반도 지역과 섬의 소하천에만 제한적으로 서식하고 있어 보호가 필요하다. 2005년 이전에는 환경부 지정 보호종으로 지정되었던 물고기이다.

좀수수치의 등 무늬

좀수수치

잉어목 l 미꾸리과		좀수수치
몸길이 : 5cm		

좀수수치의 서식지인 전라남도 고흥군

닮은꼴 물고기 참종개, 왕종개

참종개 204

왕종개 213

• 좀수수치는 전 세계에서 대한민국에만 분포하는 고유종이다.

메기목
Order Siluriformes

동자개과	동자개 · 눈동자개 · 꼬치동자개 · 대농갱이 · 종어
메기과	메기 · 미유기
퉁가리과	자가사리 · 퉁가리 · 퉁사리

| 메기목 | 동자개과 | ***Pseudobagrus fulvidraco*** (RICHARDSON, 1846) | # 동자개 |
| 몸길이 : 20cm | **Korean bullhead** 방언 : 자개, 빠가 |

| 산란 습성 | 수컷이 가슴지느러미로 진흙 바닥을 파면 암컷이 산란한다. |
| 산란 시기 | 1 2 3 4 **5 6 7** 8 9 10 11 12 |

- | 형태 | 몸이 길며 옆으로 납작하다. 등이 높은 편이다. 머리는 위아래로 납작하며 주둥이는 뾰족하다. 눈썹 모양의 입은 주둥이 밑에 있고 위턱이 아래턱보다 길다. 입수염은 네 쌍이며 위턱에 있는 것이 가장 길다. 가슴지느러미와 등지느러미의 극조*는 매우 단단하다. 가슴지느러미 극조 안쪽에는 큰 톱니가, 바깥쪽에는 미세한 톱니가 형성되어있다. 비늘은 없다.
- | 색깔 | 몸 전체는 어두운 황갈색 또는 흑갈색이며 배 쪽은 노란색이다. 몸 중앙에 우물 정(井) 자 형태로 황토색 무늬가 길게 있다.
- | 생활 | 물 흐름이 느리고 바닥에 모래와 진흙이 깔린 하천의 중하류 지역, 댐호, 연못 등지에 산다.
- | 식성 | 수서곤충, 물고기의 알, 새우류, 작은 동물 들을 먹고 산다.
- | 분포 | 서해와 남해로 흐르는 하천에 분포하는데, 낙동강과 일부 동해안 소하천에는 자연 분포하지 않았으나 최근 이입*되어 살고 있다. 대만과 중국에도 분포한다.

동자개

메기목 | 동자개과
몸길이 : 20cm

동자개의 가슴지느러미 거치(톱니)

동자개과 물고기는 공통적으로 입수염이 네 쌍 있고 피부에 비늘이 없다. 동자개는 손에 올려놓고 약간 힘을 주어 잡으면 빠르게 '꾸기꾸기' 하는 소리를 낸다. 이런 소리가 나는 것은 동자개가 가슴지느러미를 접고 아가미 뒤의 관절 부분을 마찰시키기 때문이다. 동자개 수컷은 새끼가 부화하면 독립할 때까지 산란장을 지킨다. 밀자개와 겉모습이 거의 같아 구분이 어렵지만 가슴지느러미 극조의 안쪽과 바깥쪽 모두에 톱니가 있는 동자개와는 달리 밀자개는 가슴지느러미 극조 안쪽에만 톱니가 형성되어있다. 양식 어종으로 잘 알려져있으며 식용과 약용으로 쓰인다.

*극조(棘條, spinous ray)
지느러미 막을 지지하는 막대 모양의 골격 구조인 기조의 일종이다. 끝이 가시처럼 뾰족하고 단단하며 마디가 없다.

*이입(移入)
한 지역에서 생산되거나 살고 있는 것을 다른 지역으로 이동시키는 것을 말한다. '도입'이라고도 한다.

동자개의 입수염(왼쪽)과 아가미 관절(오른쪽)

메기목 I 동자개과		동자개
몸길이 : 20cm		

동자개의 서식지인 경기도 광주시 퇴촌면

닮은꼴 물고기	눈동자개, 꼬치동자개, 종어

눈동자개 244

꼬치동자개 247

종어 253

눈동자개 *Pseudobagrus koreanus* UCHIDA, 1990
Black bullhead

메기목 | 동자개과
몸길이 : 30cm

| 산란 습성 | 산란기에 떼지어 다니며 바닥에 웅덩이를 파고 산란한다. |
| 산란 시기 | 1 2 3 4 **5** **6** **7** 8 9 10 11 12 |

*대한민국 고유종

| 형태 | 몸은 원통형이다. 등은 높지 않고 몸통의 뒤쪽은 가늘고 좌우로 납작하다. 머리는 위아래로 납작하고 주둥이는 둥글다. 눈썹 모양의 입은 주둥이 아래 있고 위턱이 아래턱보다 길다. 입수염은 네 쌍이며 주둥이 위턱의 것이 가장 길다. 가슴지느러미의 극조 안팎으로 톱니가 형성되어있고 매우 단단하다. 비늘은 없다. 수컷이 암컷에 비하여 더 크고 길다.
| 색깔 | 몸 전체는 어두운 갈색이고 배 쪽은 옅으나 환경에 따라 황갈색으로 변하기도 한다. 몸 군데군데 탈색된 듯한 반점이 있다. 제2등지느러미 둘레에는 옅은 색 띠가 있다.
| 생활 | 물 흐름이 느리고 바위가 있고 바닥에 돌이 많이 깔린 하천의 중하류 지역에 산다.
| 식성 | 수서곤충이나 작은 물고기를 먹고 산다.
| 분포 | 서해와 남해로 흐르는 하천에 분포한다. 낙동강에 자연 분포하지 않았으나, 최근 이입되어 살고 있다.

메기목	동자개과
몸길이 : 30cm	

눈동자개

눈동자개의 가슴지느러미 거치(톱니)

 눈동자개는 대농갱이와 체형이 거의 비슷하다. 그러나 가슴지느러미의 거치(톱니)나 몸의 색깔, 그리고 무늬가 다르다.
 1939년 일본인 우찌다(UCHIDA)가 섬진강에서 눈동자개를 처음 발견하여 미확인 종으로 보고하였고, 1970년대까지도 섬진강에서만 서식하는 것으로 간주되어왔다. 그후 서남해안으로 흘러드는 여러 하천에서 발견되었고, 1990년 이충열 교수와 김익수 교수(LEE and KIM)에 의해 확인되어 동자개속의 별종(*Pseudobagrus koreanus*)으로 기록되었다.

눈동자개의 입수염

대농갱이. 눈동자개와 체형이 비슷하지만, 수염의 길이와 가슴지느러미 거치가 다르다.

눈동자개

| 메기목 | 동자개과 |
| 몸길이 : 30cm |

눈동자개의 서식지인 강원도 홍천군 서면

꼬치동자개, 대농갱이, 동자개　　　**닮은꼴 물고기**

꼬치동자개 247

대농갱이 250

동자개 241

* 눈동자개는 전 세계에서 대한민국에만 분포하는 고유종이다.

메기목	동자개과	***Pseudobagrus brevicorpus*** (Mori, 1936)		**꼬치동자개**
몸길이 : 8~10cm	**Korean stumpy bullhead**	방언 : 어리종개	

산란 습성	산란 습성에 관해서는 잘 알려져있지 않다.	*대한민국 고유종
산란 시기	1 2 3 4 5 ⑥ ⑦ 8 9 10 11 12	멸종위기야생동식물 Ⅰ급, 천연기념물 제455호

- **형태** | 몸이 짧고 옆으로 납작하다. 머리는 위아래로 납작하며 주둥이는 짧고 둥글다. 입은 주둥이 밑에 있고 위턱이 아래턱보다 약간 길다. 긴 입수염이 네 쌍 있다. 눈은 머리 앞쪽에 있다. 가슴지느러미와 등지느러미의 극조는 매우 단단하다. 가슴지느러미 극조 안팎으로 톱니가 형성되어있다. 꼬리지느러미의 가운데가 약간 안쪽으로 패여 있다. 비늘은 없다.
- **색깔** | 전체적으로는 짙은 갈색을 띠며 배 쪽은 아주 옅다. 아가미, 등지느러미, 기름지느러미가 끝나는 지점에는 탈색된 듯한 반점이 등에서 배 쪽으로 이어진다. 꼬리지느러미 시작 부분에는 반달 모양의 옅은 반점이 있다.
- **생활** | 물이 맑고 바닥에 자갈이나 큰 돌이 깔린 하천 상류 지역의 소(沼)에 산다.
- **식성** | 주로 밤에 수서곤충이나 물고기의 알, 작은 물고기를 먹고 산다.
- **분포** | 낙동강 일부 수역에만 제한적으로 분포한다.

꼬치동자개

메기목 | 동자개과
몸길이 : 8~10cm

꼬치동자개는 낮에는 돌이나 자갈 틈에서 거의 활동을 하지 않고 지내다 해가 지면 활동을 시작하는 야행성 물고기이다.

최근 영남 지방에 여러 차례 태풍과 폭우가 거듭되는 바람에 흙모래가 하천으로 많이 흘러들어 이들의 은신처이자 산란 장소인 자갈층이 모두 메워졌고, 이후 하천 바닥을 고르는 복구 작업은 이중으로 서식지를 파괴하는 결과를 초래했다. 이로써 꼬치동자개는 낙동강 수역에서조차 사라질 위기에 처했다.

2005년 2월 환경부가 시행한 야생동식물보호법에 의해 '멸종위기야생동식물 I급'으로 지정되었고, 천연기념물 제466호로도 지정되어 보호받고 있다.

꼬치동자개의 입수염

눈동자개

대농갱이

메기목 I 동자개과	
몸길이 : 8~10cm	

꼬치동자개

꼬치동자개의 서식지인 경상남도 산청군 금서면

닮은꼴 물고기   눈동자개, 대농갱이, 밀자개

눈동자개 244

대농갱이 250

* 꼬치동자개는 전 세계에서 대한민국에만 분포하는 고유종이다.

대농갱이

Leiocassis ussuriensis (Dybowski, 1871)
Ussurian bullhead

방언 : 그렁치, 우쓰리종어

메기목 | 동자개과
몸길이 : 40~50cm

산란 습성	산란 습성에 관해서는 잘 알려져있지 않다.
산란 시기	1 2 3 4 ⑤ ⑥ 7 8 9 10 11 12

- **형태** | 몸이 길고 원통형이다. 등은 높지 않고 몸통 뒤쪽은 가늘고 좌우로 납작하다. 머리는 위아래로 납작하고 주둥이는 둥글다. 입은 주둥이 밑에 있고 위턱이 아래턱보다 길다. 입수염은 네 쌍이며 길이는 짧다. 눈은 머리 앞쪽에 있다. 가슴지느러미와 등지느러미 극조는 매우 단단하고 가슴지느러미의 극조 안쪽에만 톱니 모양의 가시가 형성되어 있으며, 비늘은 없다. 수컷이 암컷에 비해 길다.
- **색깔** | 몸은 짙고 어두운 갈색이다. 밝은 반점들이 온몸에 퍼져있고 지느러미 색은 밝다.
- **생활** | 바닥에 모래와 진흙, 자갈이 깔린 하천의 중하류 지역에 주로 산다.
- **식성** | 수서곤충, 물고기의 알, 새우류, 작은 물고기 들을 먹고 산다.
- **분포** | 서해로 흐르는 하천(임진강, 한강, 금강, 대동강, 압록강)에 분포한다. 낙동강에는 이입되어 살고 있으며, 중국에도 분포한다.

| 메기목 | 동자개과 |
| 몸길이 : 40~50cm |

대농갱이

대농갱이의 가슴지느러미 거치(톱니)

대농갱이는 눈동자개와 외형이 아주 흡사하지만 가슴지느러미 가시의 거치가 안쪽에만 있고 수염의 길이가 동자개과 어류 가운데 가장 짧으며 몸에는 피부가 벗겨진 듯한 밝은 색의 작은 반점들이 퍼져있어 구분할 수 있다. 대농갱이, 눈동자개, 동자개, 종어 같은 동자개과 물고기들은 수컷이 암컷보다 잘 자라고 더 길며 날씬하다. 최근 중요한 양식 대상으로 개발되고 있고 식용으로 많이 이용된다.

눈동자개. 대농갱이와 비슷한 외형이다.

대농갱이의 입수염

닮은꼴 물고기   눈동자개, 꼬치동자개

눈동자개 244

꼬치동자개 247

대농갱이

메기목 | 동자개과
몸길이 : 40~50cm

대농갱이의 서식지인 경기도 연천군 군남면

메기목	동자개과	***Leiocassis longirostris*** (GUNTHER, 1864)		종어

몸길이 : 50cm 이상 Long snouted bullhead 방언 : 밀바가

산란 습성	산란 습성에 관해서는 잘 알려져있지 않다.	한국 절멸종으로 복원 시도
산란 시기	1 2 3 4 ⑤ ⑥ ⑦ 8 9 10 11 12 (추정)	

- **형태** : 몸이 길고 통통하며 등은 높고 몸 뒤쪽은 옆으로 납작하다. 머리는 작고 콧잔등이 앞으로 많이 튀어나왔다. 입은 주둥이 아래 눈이 위치한 곳에 있어 상어 입을 닮았다. 눈은 아주 작고 머리 앞쪽에 있다. 입수염은 네 쌍이며 맨 위 수염은 아주 가늘고 짧으며 콧구멍과 같이 있다. 가슴지느러미와 등지느러미의 극조는 아주 단단하며 안쪽으로 톱니가 형성되어있다. 옆줄은 뚜렷하다.
- **색깔** : 전체적으로 흑갈색이다. 머리, 등지느러미, 뒷지느러미 부근에 짙고 큰 회갈색 반점이 있다.
- **생활** : 바닥에 모래와 진흙이 깔린 큰 강 하류에 산다.
- **식성** : 수서곤충, 실지렁이, 새우류, 작은 물고기 들을 포식한다.
- **분포** : 이전에는 대동강, 한강, 금강 하류에 살았으나 남한에서 더 이상 발견되지 않는다. 중국에 분포한다.

종어

메기목 | 동자개과
몸길이 : 50cm 이상

종어의 가슴지느러미 거치

종어는 예로부터 유명한 식용어로 임금에게 진상하였다는 기록이 있고, 일제 강점기에 일본인들에게도 맛이 좋은 물고기로 알려졌다. 그러나 수질이 오염되고 자연 서식처인 강 하구의 둑 축조와 무분별한 남획으로 1970년대 이후 남한에서는 한 마리도 채집되지 않아 절멸된 것으로 보인다. 국립수산과학원 내수면 생태연구소에서는 1999년에 어미 78마리, 2000년에 치어 1000마리를 중국에서 도입하였고, 2004년과 2005년에도 각 1000마리를 중국에서 도입하여 종묘 생산에 성공하였으며 이를 기반으로 자연 생태계 복원을 준비하고 있다.

종어의 머리 앞모습(왼쪽)과 옆모습(오른쪽)

대농갱이, 동자개   **닮은꼴 물고기**

대농갱이 250   동자개 241

| 메기목 | 메기과 | ***Silurus asotus*** LINNAEUS, 1758 | 메기 |
| 몸길이 : 30~50cm | | **Far eastern catfish** | |

| 산란 습성 | 수컷이 암컷의 몸을 휘어 감고 배를 눌러서 산란한다. |
| 산란 시기 | 1 2 3 4 **5 6 7** 8 9 10 11 12 |

- **형태** | 몸이 길고 앞쪽은 둥글다. 뒤쪽은 옆으로, 머리는 위아래로 납작하다. 주둥이 앞에 큰 입이 있고 위턱이 약간 짧다. 입수염은 콧구멍 옆에 한 쌍, 아래턱에 한 쌍이 있다. 위턱과 아래턱에는 작고 날카로운 이빨이 있다. 가슴지느러미 극조는 단단하고 바깥쪽에 톱니가 있다. 등지느러미는 아주 작고 짧으며 뒷지느러미는 배지느러미 끝에서 시작하여 꼬리지느러미와 만난다. 비늘이 없다.
- **색깔** | 전체적으로는 어두운 회갈색 또는 황갈색이며 구름 모양의 반점이 흩어져있다. 반점이 없는 것들도 있다.
- **생활** | 물 흐름이 느리고 바닥에 모래와 진흙이 있는 하천, 호수 또는 늪에서 산다.
- **식성** | 작은 물고기나 작은 동물, 그리고 수서곤충 들을 먹고 산다.
- **분포** | 우리나라 전 지역 하천에 살고 중국, 대만, 일본에도 분포한다.

메기

| 메기목 | 메기과 |
| 몸길이 : 30~50cm |

메기의 입모양과 입수염

메기는 주로 밤에 활동하는 야행성 물고기이다. 육식성으로 어린 물고기나 작은 동물을 잡아먹는다. 어린 물고기일 때는 입수염이 세 쌍이지만 3~4개월이 지나면 아래턱에 있는 한 쌍이 완전히 없어진다. 수질에 대한 내성이 강해 바닥에 해감이 깔린 곳에서도 잘 살아남는다. 옛날부터 식용과 약용으로 많이 이용되어왔고 지금도 양식이 활발히 이루어지고 있다. 어릴 적에는 서로 잡아먹는 공식*이 심하고 그물 속에서도 다른 물고기를 먹을 정도로 포식성이 강하다.

메기의 등지느러미

미유기의 등지느러미

미유기

*공식(空食)
먹이가 부족하거나 없을 때 크기가 작은 자기 동족을 잡아먹는 행위.

메기목 l 메기과		메기
몸길이 : 30~50cm		

메기의 서식지인 경기도 가평군 청평면 고성리

닮은꼴 물고기 　 미유기

미유기　258

미유기

Silurus microdorsalis (MORI, 1936)
Slender catfish

방언 : 산메기, 눗메기

메기목 | 메기과
몸길이 : 25cm

| 산란 습성 | 수컷이 암컷의 몸을 휘어 감고 배를 눌러서 산란한다. |
| 산란 시기 | 1 2 3 ④ ⑤ ⑥ 7 8 9 10 11 12 |

*대한민국 고유종

- | 형태 | 몸이 가늘고 길며 둥글다. 뒤쪽은 옆으로 납작하고 머리는 위아래로 납작하며 입이 크고 위턱이 짧다. 이빨은 매우 작다. 입수염은 두 쌍이 있다. 위에 있는 수염은 아주 길어서 가슴지느러미 끝까지 닿는다. 가슴지느러미 극조는 짧고 단단하며 안쪽에 톱니가 있다. 등지느러미는 아주 작고 짧다. 뒷지느러미는 배지느러미 끝에서 시작하여 꼬리지느러미 시작 부분까지 이어진다.
- | 색깔 | 전체적으로는 어두운 갈색이며 주둥이 아래와 가슴 부분은 옅은 갈색 또는 노란색이다. 몸에는 구름 모양의 반점이 흩어져있다.
- | 생활 | 물이 맑고 바닥에 바위와 자갈이 깔린 하천 상류의 흐르는 물에 산다.
- | 식성 | 수서곤충이나 어린 물고기를 먹고 산다.
- | 분포 | 우리나라 전 지역 하천에 분포하지만, 그 수가 빠르게 줄어들고 있다.

메기목	메기과
몸길이 : 25cm	

미유기

미유기의 입 모양

미유기는 메기와 아주 비슷하지만 메기보다 몸이 가늘고 등지느러미는 더 작고 짧다. 등지느러미 연조* 수는 메기가 4~5개, 미유기가 3개이다. 같은 장소에서 발견되기도 하지만 미유기는 물이 비교적 맑고 자갈이 많이 깔려있는 중상류 쪽에서, 메기는 물 흐름이 느리고 모래나 펄, 해감 등이 깔린 하류 쪽에서 많이 발견된다.

메기의 등지느러미

*연조(軟條, soft ray)

물고기의 지느러미 막을 지지하는 막대 모양의 골격 구조인 기조의 일종이다. 부드러운 마디로 형성되어있다.

메기. 미유기보다 더 크고 옆으로 납작하다.

미유기

메기목 | 메기과
몸길이 : 25cm

미유기의 서식지인 경기도 가평군 설악면

메기, 퉁가리   닮은꼴 물고기

메기 255

퉁가리 264

* 미유기는 전 세계에서 대한민국에만 분포하는 고유종이다.

| 메기목 | 퉁가리과 | *Liobagrus mediadiposalis* MORI, 1936 | | **자가사리** |
| 몸길이 : 6~10cm | **South torrent catfish** | 방언 : 남방쏠자개 |

| 산란 습성 | 돌 밑에 산란하고, 산란 후 암컷은 산란장을 지킨다. | *대한민국 고유종 |
| 산란 시기 | 1 2 3 ④ ⑤ ⑥ 7 8 9 10 11 12 |

- **형태** : 몸이 약간 길며, 앞쪽은 둥글고 뒤쪽은 옆으로 아주 얇다. 주둥이와 머리는 위아래로 납작하며 입은 주둥이 앞에 있고 위턱이 아래턱보다 길다. 머리 가운데에 얕게 골이 파여있다. 긴 입수염이 네 쌍 있다. 눈은 아주 작고 머리 앞쪽에 있다. 가슴지느러미 가시는 매우 뾰족하고 단단하며 안쪽으로 4~6개의 작은 가시가 있다. 비늘은 없다.
- **색깔** : 전체적으로 황갈색이고 머리 밑 부분과 가슴은 옅은 갈색이다. 각 지느러미 끝에는 옅은 색 테두리가 있다.
- **생활** : 물이 맑고 바닥에 바위와 자갈이 많이 깔린 하천의 상류에 산다.
- **식성** : 야행성으로 주로 밤에 활동하며 수서곤충이나 작은 동물들을 먹고 산다.
- **분포** : 금강, 낙동강, 섬진강, 이사천, 탐진강, 남해도, 거제도 등지에 분포한다.

자가사리

메기목 | 퉁가리과
몸길이 : 6~10cm

자가사리의 머리 앞모습

자가사리 수컷(위쪽)과 암컷(아래쪽)

자가사리 중에서도 섬진강에 사는 집단은 다른 강에 사는 것들과 꼬리지느러미 무늬가 달라 별도의 아종(亞種)으로 추정하고 있지만, 명확한 결론은 내려지지 않고 있다. 즉 섬진강에 서식하는 자가사리는 꼬리지느러미 끝에 노란색 초승달 무늬가 있어 엷은 황색 무늬가 있는 다른 자가사리와 차이를 보인다. 따라서 섬진강의 자가사리 집단은 꼬리지느러미 무늬와 형태면에서 다른 집단과 구별되므로 2005년에 새로운 종 또는 아종으로 분류되어 어류학회에 보고되었다.

섬진강에 서식하는 자가사리 수컷(위쪽)과 암컷(아래쪽)

| 메기목 l 퉁가리과 |
| 몸길이 : 6~10cm |

자가사리

자가사리의 서식지인 전라북도 임실군

닮은꼴 물고기　　퉁가리, 퉁사리

퉁가리 264

퉁사리 267

* 자가사리는 전 세계에서 대한민국에만 분포하는 고유종이다.

퉁가리

Liobagrus andersoni R<small>EGAN</small>, 1908
Korean torrent catfish

방언 : 탱가리

메기목 | 퉁가리과
몸길이 : 10cm

| 산란 습성 | 돌 밑에 산란하고 암컷이 수정란을 지킨다. |
| 산란 시기 | 1 2 3 4 **5 6** 7 8 9 10 11 12 |

*대한민국 고유종

- **형태** | 몸은 길며 앞쪽은 둥글고 뒤쪽은 옆으로 아주 얇다. 주둥이와 머리는 위아래로 납작하며 입은 주둥이 앞에 있고, 위턱과 아래턱의 길이는 거의 같다. 머리의 가운데는 골이 깊게 파여있다. 긴 입수염이 네 쌍 있다. 눈은 아주 작으며 피막이 덮여있고 머리 앞쪽에 있다. 가슴지느러미 가시(극조)는 매우 뾰족하고 단단하며 1~3개의 작은 가시가 안쪽에 있다. 비늘은 없다.
- **색깔** | 전체적으로 황갈색이고 머리 아랫부분과 가슴은 연한 갈색이다. 각 지느러미 끝에는 옅은 색으로 테두리가 있다.
- **생활** | 물이 맑고 바닥에 바위와 자갈이 많이 깔린 하천 중상류의 돌이나 바위 밑에 산다.
- **식성** | 주로 밤에 활동하며 수서곤충을 먹고 산다.
- **분포** | 임진강, 한강, 안성천, 무한천, 삽교천 등지에 분포한다.

| 메기목 | 퉁가리과 |
| 몸길이 : 10cm |

퉁가리

퉁가리의 머리 앞모습

퉁가리의 머리 옆모습(위쪽)과 배 쪽에서 본 입수염(아래쪽)

퉁가리는 자가사리보다 몸이 조금 더 가늘고 날씬하며 가슴지느러미 극조의 거치 수와 주둥이 모양 등에서 차이를 보인다. 또한 주둥이 모양이 같은 퉁사리와는 가슴지느러미 거치 수와 사는 곳이 다르며 염색체 수는 두 배로 많다. 퉁가리의 가슴지느러미 가시(극조)는 매우 뾰족하고 단단하여 쏘이면 아프다. 상류에 사는 자가사리와 달리 중류에까지 분포한다.

자가사리

○●● 수직지느러미와 짝지느러미

물속에서 균형을 유지하거나 헤엄치는 데 필수적인 물고기의 지느러미는 그 역할에 따라 수직지느러미(unpaired fin)와 짝지느러미(paired fin)로 구분해볼 수 있다. 몸 중앙의 위아래로 붙어있는 등지느러미, 꼬리지느러미, 뒷지느러미는 수직지느러미이고, 가슴과 배에 각 한 쌍으로 나있는 가슴지느러미와 배지느러미는 짝지느러미이다.

수직지느러미는 주로 추진력을 내어 전진하거나 균형을 유지시키고, 짝지느러미는 방향을 바꾸고 평형을 유지하며 정지 기능을 담당한다. 각 지느러미는 마디로 된 연조(軟條)나 가시 형태의 극조(棘條)로 뼈대를 이루고 있는데, 이들을 '기조'라고 부른다. 또한 각 기조는 얇은 막으로 연결되어있고, 이것은 '기조막'이라고 한다. 지느러미의 형태와 구조, 위치는 물고기 분류에 중요한 기준이 된다.

퉁가리

메기목 | 퉁가리과
몸길이 : 10cm

퉁가리의 서식지인 강원도 평창군 평창읍

자가사리, 퉁사리　　닮은꼴 물고기

자가사리　261

퉁사리　267

* 퉁가리는 전 세계에서 대한민국에만 분포하는 고유종이다.

메기목	퉁가리과	***Liobagrus obesus*** Son, Kim and Choo, 1987		**퉁사리**
몸길이 : 8~10cm		**Bullhead torrent catfish**	방언 : 자가사리	

산란 습성	돌 밑에 산란하며, 암컷은 산란장을 지킨다.
산란 시기	1 2 3 4 **5** **6** 7 8 9 10 11 12

*대한민국 고유종
멸종위기야생동식물 Ⅰ급

- **형태** | 몸이 길며 앞쪽은 둥글고 뒤쪽은 옆으로 아주 얇다. 주둥이와 머리는 위아래로 납작하며 입은 주둥이 앞에 있고 위턱과 아래턱은 길이가 거의 같다. 머리 가운데에는 깊은 골이 파여있다. 입 모양은 옆으로 긴 一자 형태이다. 네 쌍의 긴 입수염이 있다. 머리 앞쪽에 있는 눈은 아주 작으며 피막으로 덮여있다. 가슴지느러미 가시(극조)는 매우 뾰족하고 단단하며 안쪽에 3~5개의 작은 가시가 있다. 비늘은 없다.
- **색깔** | 전체적으로 황갈색이고 머리 밑 부분과 가슴은 연한 갈색이다. 각 지느러미 끝에는 옅은 색 테두리가 있는데 비슷한 다른 종(種)들보다 넓다.
- **생활** | 물 흐름이 느리고 자갈이 많이 깔린 하천의 중류나 그 웅덩이의 자갈 속에 산다.
- **식성** | 주로 밤에 활동하며 수서곤충을 먹고 산다.
- **분포** | 금강 중류, 웅천천, 만경강, 영산강 상류에 아주 드물게 분포한다.

퉁사리

메기목 | 퉁가리과
몸길이 : 8~10cm

퉁사리의 머리 앞모습

퉁사리는 자가사리나 퉁가리와는 달리 물 흐름이 느리고 수심이 깊은 중류에도 분포하고, 가슴지느러미 극조의 거치(톱니) 수와 주둥이 크기에서 차이를 보인다. 특히 주둥이 크기가 같은 퉁가리와는 가슴지느러미 거치 수와 분포 지역에서 차이가 있고 염색체 수도 퉁가리보다 절반인 20개이다.

하천 중류의 웅덩이에 주로 사는데, 이들이 서식하는 곳에 오염된 도시의 하천이 유입되는 일이 많아 그 수가 갈수록 줄어들고 있다.

퉁가리

> ○●● **비늘은 나이의 지표**
>
> 물고기는 대부분 외부가 비늘로 덮여있다. 이것은 기생충이나 미생물의 침입으로부터 피부를 보호하고 몸의 삼투압을 조절할 수 있도록 돕는다. 원구류나 동자개과 · 메기과 · 퉁가리과 물고기들은 비늘이 없는 대신 피부에 점액질이 많고 탄탄하여 물에서 받는 마찰을 최소화하고 기생충이나 미생물이 몸에 달라붙는 것을 막는다. 일반적으로 물살이 빠른 곳에서 생활하는 물고기들은 비늘이 작으면서도 그 수가 많은 반면, 느린 곳에서 생활하는 물고기들은 상대적으로 비늘이 크고 거칠다. 비늘 겉에는 고리 모양으로 돌기가 나있는데, 이것으로 물고기의 나이를 추정할 수 있다. 비늘의 모양과 크기, 그리고 숫자는 종을 구분하는 중요한 형질이다.

메기목	퉁가리과
몸길이 : 8~10cm	

퉁사리

퉁사리의 서식지인 충청남도 금산군

닮은꼴 물고기   퉁가리, 자가사리

퉁가리 264

자가사리 261

• 퉁사리는 전 세계에서 대한민국에만 분포하는 고유종이다.

바다빙어목
Order Osmeriformes

바다빙어과   빙어·은어

바다빙어목	바다빙어과	***Hypomesus nipponensis*** McALLISTER, 1963	빙어
몸길이 : 15cm		**Pond smelt** 방언 : 공어	

산란 습성	흐르는 하천 모래바닥에 집단으로 산란한다.
산란 시기	1 ② ③ 4 5 6 7 8 9 10 11 12

- **형태** | 몸이 길며 옆으로 아주 납작하다. 입은 크고 위쪽을 향한다. 아래턱이 위턱보다 조금 더 튀어나왔다. 입수염은 없고 눈은 비교적 크다. 뒷지느러미가 끝나는 지점 등쪽에 기름지느러미가 있다. 비늘이 약해서 벗겨지기 쉽다.
- **색깔** | 전체적으로 은백색이고 등 쪽은 짙은 갈색, 배 쪽은 금속성의 광택을 지닌 은백색이다. 몸 중앙에는 짙은 가로줄이 있다. 각 지느러미는 투명하다.
- **생활** | 원래 회유성 물고기로 연안에 살다가 봄철에 어미가 강에 올라가 산란하는데, 최근 대형 댐호에 이식되어 대량으로 서식한다.
- **식성** | 어릴 때는 물벼룩을 먹지만 자라서 깔다구 유충, 작은 새우, 요각류 들도 먹는 육식성이다.
- **분포** | 우리나라 동해 북부에 자연 분포하였으나 지금은 전국의 대형 댐호와 저수지에 많이 분포하고 서해, 남해로 흐르는 하천에도 서식한다. 일본과 알래스카에도 분포한다.

빙어

바다빙어목 | 바다빙어과
몸길이 : 15cm

빙어

빙어는 전국의 저수지나 댐에서 많이 발견되지만 자연적으로 분포된 것은 아니다. 1926년 국립수산과학원은 함경남도 용흥강에서 빙어 알을 채집하여 전국의 주요 저수지에 나누어 부화시켰는데, 이것이 오늘날 전국적으로 빙어가 분포하게 된 계기가 되었다.

겨울철 얼음낚시 대상으로 잘 알려져있으며 온수성 물고기가 생활하지 않는 겨울철에 유용한 수산자원이 되고 있다. 가을에 표층으로 이동하여 생활하다가 봄에 산란하고, 어린 빙어는 댐호 깊은 곳에서 여름을 보내고 가을에 다시 표층으로 나타난다.

강원도 춘천시 공지천 겨울철 빙어 얼음낚시

| 바다빙어목 l 바다빙어과 |
| 몸길이 : 15cm |

빙어

빙어의 서식지인 강원도 양양군 현남면

닮은꼴 물고기   은어, 치리, 살치

은어 274

치리 180

살치

은어

Plecoglossus altivelis Temminck and Schlegel, 1846
Sweet smelt

바다빙어목 | 바다빙어과
몸길이 : 20~30cm

산란 습성	강 하구 여울에 산란. 수컷 다수가 암컷을 따른다.
산란 시기	1 2 3 4 5 6 7 8 **9** **10** 11 12

- **형태** | 몸이 길며 옆으로 홀쭉하다. 머리는 크고 주둥이는 뾰족하다. 입은 매우 크고, 입술은 평행으로 두꺼우며 희다. 위턱 앞에는 갈퀴 모양의 돌기가 있다. 어미의 아래위 이빨은 빗살 모양으로 나있다. 입수염은 없다. 기름지느러미 가운데 지점에서 뒷지느러미가 끝난다.
- **색깔** | 전체적으로 은색이다. 등은 회갈색 또는 청갈색이고, 배 쪽은 은백색이다. 산란기에 수컷은 전체적으로 검은빛을 띠며 가슴과 배 쪽은 붉은색, 지느러미는 누런색을 띤다.
- **생활** | 어릴 때는 연안에서 산다. 봄철에 하천으로 올라가 생활하다가 산란기에 하구로 내려간다.
- **식성** | 어릴 때는 바다에서 동물성 플랑크톤을 먹고 살며 하천으로 회귀한 후에는 부착 조류와 미생물을 먹고 산다.
- **분포** | 연안으로 흐르는 전국 하천에 대부분 분포하지만 수질오염으로 서식지가 많이 줄었다. 일본과 대만, 그리고 중국 일부 지역에 분포한다.

| 바다빙어목 I 바다빙어과 |
| 몸길이 : 20~30cm |

은어

늦가을에 부화한 어린 은어는 바로 가까운 바다로 내려가 연안에서 겨울을 나고 이듬해 3~4월 하천 상류 쪽으로 올라가 생활하다 산란기인 9~10월에 알을 낳기 위해 바다가 가까운 하천 하구로 내려온다. 산란을 마치면 암수 모두 죽는다. 은어는 1㎡ 정도로 세력권을 형성하고 그 안에 침입하는 모든 물고기를 쫓아내는데, 이런 습성을 이용한 '놀림낚시'라는 낚시법이 있다. 수박향 같은 좋은 향이 나 고급 식용어로 인기가 있다. 최근 안동호와 대청호, 운암호, 팔당호 같은 대형 호수에서 육봉형* 은어가 발견된다.

*육봉형(陸封型, land locked form)
바다와 강을 오가는 물고기가 민물에 적응하여 일생을 민물에서만 지내고 번식하는 유형.

은어(위쪽)와 그 서식지인 강원도 강릉시 연곡면(아래쪽)

| 닮은꼴 물고기 | 빙어, 황어, 뱅어 |

빙어 271

황어 149

연어목
Order Salmoniformes

연어과   열목어 · 연어 · 산천어 · 무지개송어

| 연어목 | 연어과 | ***Brachymystax lenok tsinlingensis*** (Li, 1966) | 열목어 |
| 몸길이 : 70cm | | Manchurian trout | |

| 산란 습성 | 모래와 자갈이 있는 여울에 암수가 산란한다. |
| 산란 시기 | 1 2 3 ④ ⑤ 6 7 8 9 10 11 12 |

열목어 서식지 천연기념물 제73·74호

- **형태** | 몸이 긴 유선형이며 약간 통통하다. 주둥이는 뾰족하고 입은 아래에서 위로 향한다. 아래턱과 위턱은 길이가 거의 같다. 입수염은 없다. 눈은 크고 머리 앞쪽에 있다. 기름지느러미와 뒷지느러미가 끝나는 지점이 거의 일치한다.
- **색깔** | 전체적으로 황갈색인데, 등 쪽은 짙고 배 쪽은 연하다. 몸에는 위쪽에서 아래쪽으로 9~10개의 짙은 갈색 줄무늬가 있는데 성장하면서 옅어진다. 옆줄 위로는 작고 까만 반점이 흩어져있다. 등지느러미와 기름지느러미를 제외한 각 지느러미는 앞부분이 주황색을 띤다.
- **생활** | 물이 아주 맑고 수량이 많으면서도 산소가 풍부한 하천 상류에서 사는데, 연중 수온이 20℃를 넘지 않는다.
- **식성** | 곤충, 작은 물고기, 작은 동물 들을 먹이로 한다.
- **분포** | 강원도, 충청북도 일부, 경상북도 봉화에 서식하고, 북한 전역과 만주, 시베리아에도 분포한다.

열목어

연어목	연어과
몸길이 : 70cm	

열목어 몸통에 있는 반점과 파마크

열목어는 겉모양이 산천어와 비슷하지만 몸에 있는 파마크(283쪽 참조)로 구분된다. 파마크 무늬의 크기와 간격이 일정한 열목어에 비해 산천어는 그 크기도 작고 불규칙하다. 열 때문에 눈이 빨갛다고 해서 열목어로 이름지어졌지만 실제로는 눈에 열이 있는 것도 아니고 빨갛지도 않다.

열목어의 주요 서식지이며 남방 한계선인 강원도 정선군의 정암사 계곡 일대(제73호), 경상북도 봉화군 석포면 계곡 일대(제74호)는 각각 천연기념물로 지정하여 보호하고 있다.

열목어의 서식지인 강원도 양구군 방산면 두타연

산천어(송어), 무지개송어   **닮은꼴 물고기**

산천어(송어) 282

무지개송어 285

연어목	연어과	*Oncorhynchus keta* (WALBAUM, 1792)	연어
몸길이 : 60~80cm		Chum salmon	

산란 습성	바다에 살다가 모천으로 올라와 자갈 바닥에 산란한다.
산란 시기	1 2 3 4 5 6 7 8 ⑨ ⑩ ⑪ 12

| 형태 | 몸이 길며 옆으로 얇다. 머리는 크고 이마 부분은 넓고 평평하다. 주둥이는 뾰족하고 입이 매우 크며 위아래 턱 앞에는 날카로운 이빨이 있다. 성숙한 수컷은 턱이 안쪽으로 많이 휘어져있다. 뒷지느러미가 끝나는 지점에 아주 작은 기름지느러미가 있다.
| 색깔 | 바다에선 등은 암청색, 배는 은백색에 가깝고 산란기에 하천으로 올라올 때는 암수 모두 전체가 거무스름해지고 빨강·노랑·검은색이 섞인 불규칙한 줄무늬가 등에서 배까지 나있다.
| 생활 | 어린 연어는 바다로 내려가 성장한 다음 태어난 강이나 하천으로 다시 돌아간다. 강을 올라오면서 먹이는 먹지 않으며 알맞은 장소를 찾아 곧바로 산란을 준비한다.
| 식성 | 부화 후 강에 머물고 있는 동안에는 상류 쪽에서 떠내려 오는 깔따구나 하루살이 애벌레를 잡아먹고 바다로 내려가서는 요각류, 각종 유생, 물고기 알, 작은 물고기 들을 먹는다.
| 분포 | 동해안 북부의 하천으로 회귀한다. 북위 $40°$ 이북의 북태평양, 북극해와 인접 수계에 분포한다.

연어

연어목 | 연어과
몸길이 : 60~80cm

산란기 수컷 연어의 입(위쪽)과 연어 산란장(아래쪽)

어린 연어는 3~5월에 평균 35mm가 되는데, 이때 무리 지어 바다로 내려간다. 한동안 얕은 바다에 머무르다 적응이 끝나면 태평양 깊은 바다로 나가 해류를 따라 북쪽으로 이동한다. 성장한 후에는 다시 남쪽으로 회유한다. 연안에 도달하면 산란을 위해 후각을 이용하여 태어난 하천으로 돌아간다(모천회귀). 산란을 마치면 암컷은 바로 죽고 수컷도 수일 안에 죽는다. 우리나라는 국가연구 기관을 중심으로 매년 인공 부화한 어린 연어를 방류하고 있어 회유하는 연어 수가 증가하고 있다. 세계적으로 중요한 식용 물고기이다.

포획된 연어가 컨베이어에 실려 채란실로 운반되고 있다.

컨베이어에 연어를 올려놓으며 운반 작업을 하고 있다.

채란을 위해 포획된 연어를 선별하고 있다.

연어목 l 연어과		연어
몸길이 : 60~80cm		

연어의 회귀 하천인 강원도 양양군 양양읍 남대천의 연어 포획 시설

닮은꼴 물고기   산천어(송어), 곱사연어, 은연어

산천어(송어) 282

산천어·송어
(육봉형) (강해형)

Oncorhynchus masou masou(Brevoort, 1856)
River salmon, Trout

방언 : 바다송어

연어목 | 연어과
몸길이 : 산천어·20cm, 송어·60cm

산란 습성	수컷이 자갈을 파고 암컷이 산란하면 자갈을 덮는다.
산란 시기	1 2 3 4 5 6 7 8 **9** **10** 11 12

- **형태** 몸이 길고 옆으로 얇다. 머리는 크고 주둥이는 둥글며 입이 크다. 위턱이 아래턱보다 약간 길다. 눈은 크고 머리 앞쪽에 있다. 기름지느러미는 아주 작고 뒷지느러미가 끝나는 지점에 있다.
- **색깔** 등은 연두색이 섞인 황갈색이고 배 쪽은 희다. 등에서 배 쪽으로 검고 큰 가로무늬(파마크*)가 있다. 송어는 바다에서는 등 쪽이 청색이고 배 쪽이 은백색이지만 강에서는 소나무 무늬와 같은 색으로 변한다. 옆줄 위아래로는 작고 검은 반점이 빽빽이 나있다.
- **생활** 육봉형인 산천어는 동해로 흐르는 하천 최상류 지역에 서식하는데, 특히 물이 아주 차고 맑으며 산소가 풍부한 곳에서 산다.
- **식성** 주로 갑각류, 요각류, 물고기 알 들을 먹고 산다.
- **분포** 동해로 흐르는 강원도 북부의 일부 하천에 분포하며 일본, 러시아, 알래스카 등지에도 분포한다.

연어목	연어과
몸길이 : 산천어 · 20cm, 송어 · 60cm

산천어 · 송어
(육봉형)　(강해형)

산천어

송어는 바다에 나가 생활하다가 산란기가 되면 강이나 하천으로 올라간다(강해형). 반면에 송어가 기수(汽水)역이나 담수(淡水)역에 갇힌 후 적응하여 세대를 이어가며 사는 집단을 산천어라 한다(육봉형). 육봉형인 산천어는 강해형인 송어에 비해 크기가 작고 어릴 적 송어의 형태를 그대로 유지하고 있다. 고급 식용어로도 가치가 높아 양식이 활발히 이루어지고 있다.

산천어의 몸통 무늬. 점선으로 둥글게 표시한 부분이 파마크이다.

*파마크 (parrmark)

어린 연어과 물고기가 담수에 머무는 동안 몸에 나타나는 무늬로, 옆줄 부분에 있으며 세로로 된 타원형 모양이다. 송어의 육봉형인 산천어는 이 무늬를 일생 동안 지니고 있는 것이 특징이다.

일본산 산천어

산천어·송어
(육봉형)   (강해형)

연어목 | 연어과
몸길이 : 산천어 · 20cm, 송어 · 60cm

산천어의 서식지인 금강산 계곡

열목어, 연어　　　**닮은꼴 물고기**

열목어 277

연어 279

| 연어목 | 연어과 | *Onchorhynchus mykiss* (Walbaum) | 방언 : 송어 | 무지개송어 |
| 몸길이 : 80~100cm | | **Rainbow trout** | | |

| 산란 습성 | 수컷이 자갈을 파고, 산란·방정 후 암컷이 자갈을 덮는다. |
| 산란 시기 | 1 2 3 4 5 6 7 8 9 10 11 12 |

- **형태** | 몸이 길고 통통하다. 머리는 크고 주둥이는 둥글며 위턱이 아래턱보다 약간 길다. 입이 크고 눈은 머리 앞쪽에 있다. 기름지느러미는 아주 작은데 뒷지느러미가 끝나는 지점에 있다.
- **색깔** | 전체적으로 연두색을 띠며 등 쪽은 짙고 배 쪽은 희다. 작고 검은 반점이 빽빽하게 있다. 몸 가운데에는 8~12개의 짙은 반점과 붉은색 가로줄이 있는데, 반점은 성장하면서 차츰 없어진다. 산란기에는 무지갯빛 혼인색을 띤다.
- **생활** | 냉수성 물고기로 산간 계곡의 찬물에서 산다.
- **식성** | 수서곤충이나 갑각류, 어린 물고기를 먹이로 한다.
- **분포** | 우리나라에는 자연 분포하지 않고 양식 대상종으로 도입되었다. 서북아시아와 태평양 연안에 자연 분포한다. 전 세계에 양식용으로 도입되고 있다.

무지개송어

연어목 | 연어과
몸길이 : 80~100cm

무지개송어의 몸통 무늬

무지개송어는 25℃ 이하의 찬 물에 사는 냉수성 물고기이다. 국내에서 양식되고 있는 좋은 양식장에서 이탈하여 바다로 나가지 않고 하천 상류나 계곡에 머물며 생활한다.

송어의 육봉형인 산천어와는 민물에 산다는 점에서는 같지만, 크기가 80~100cm로 대형이고 어릴 적 몸통에 난 무늬가 성장하면서 없어진다는 점이 산천어와 다르다. 우리나라에는 1965년 양식을 위해 도입되었다.

무지개송어 양식장

○●● 아가미와 호흡

물고기는 직접 공기호흡을 하는 육상 동물과는 달리 아가미를 이용하여 물속에 녹아있는 산소를 흡수하고 몸속의 탄산가스를 배출한다. 아가미 안쪽은 산소를 흡수하는 면적을 최대한 넓히기 위해 주름이 있는 새엽(gill filament)으로 채워져있으며, 입으로 들어온 물은 새엽 위쪽에 있는 새판(gill lamellae) 사이를 지난다. 이때 새판의 모세혈관을 통해 가스교환이 이루어진다.

아가미는 그 밖에 배설이나 삼투압을 조절하는 기능도 한다. 일부 물고기는 창자나 부레(air bladder)를 써서 공기호흡도 하고, 피부로 가스교환을 하는 개체도 있다. 아가미를 이용해 물속에서 가스교환을 하는 외호흡을 '아가미 호흡'이라고 한다.

연어목 l 연어과		무지개송어
몸길이 : 80~100cm		

무지개송어의 서식지인 강원도 평창군 미탄면

닮은꼴 물고기 열목어, 산천어(송어), 은연어

열목어　277

산천어(송어)　282

숭어목
Order Mugiliformes

숭어과　**가숭어**

숭어목 l 숭어과	*Chelon haematocheilus* (Temminck and Schlegel, 1845)		가숭어
몸길이 : 100cm	Stripe mullet	방언 : 숭어, 개숭어	

산란 습성	산란 습성에 관해서는 잘 알려져있지 않다.
산란 시기	1 2 ③ ④ ⑤ 6 7 8 9 10 11 12

- **형태** | 몸이 숭어보다 가늘고 길다. 가슴 부위는 원통형이다. 머리는 작고 이마는 평평하다. 주둥이는 위아래로 납작하며 앞에서 보이는 입 모양은 ∧ 형태이다. 윗입술이 크고 잘 발달되어 있으며 아래턱과 입술은 빈약하다. 눈은 크고 머리 앞쪽에 있다. 꼬리지느러미의 아래위 끝은 둥글고 안쪽으로 얕게 패여있다.
- **색깔** | 전체적으로 회청색 또는 회갈색이며 등 쪽이 짙고 배 쪽은 희다. 몸에 무늬는 없고 비늘에는 작고 검은 반점이 2~3개 있는데, 이것이 이어져 가느다란 가로줄이 형성되며 6~7개 층으로 이루어진다.
- **생활** | 연안이나 강 하구에서 무리를 이루며 생활하는데, 갯벌이 있는 곳을 좋아한다.
- **식성** | 식물성 플랑크톤, 각종 조류, 펄에 섞여있는 유기물을 먹고 산다.
- **분포** | 우리나라 전국 연안에 분포하며 일본과 중국 연안에도 분포한다.

가숭어

숭어목 | 숭어과
몸길이 : 100cm

가숭어의 머리 옆모습(왼쪽)과 꼬리지느러미(오른쪽)

가숭어의 서식지인 경기도 강화군 화도면

가숭어는 숭어보다 더 기수역 가까이에 살고 성장이 빠르다. 또한 숭어에 비해 몸이 약간 더 가늘며 꼬리지느러미 아래위 끝이 둥글고 끝 면은 살짝 패였다. 가숭어의 산란기는 봄철인 데 비하여 숭어의 산란기는 가을철인 것도 차이를 보인다. 닮은꼴 물고기는 숭어와 등줄숭어가 있다.

가숭어

동갈치목
Order Beloniformes

송사리과   송사리·대륙송사리

송사리

Oryzias latipes (Temminck and Schlegel, 1846)
Asiatic ricefish

방언 : 눈꿈쟁이

동갈치목ㅣ송사리과
몸길이 : 4cm

산란 습성	포도송이처럼 알을 달고 다니다가 수초에 붙인다.
산란 시기	1 2 3 4 ⑤ ⑥ ⑦ 8 ⑨ ⑩ 11 12 (연 2회)

| 형태 | 몸이 길고 옆으로 납작하며 배는 통통하다. 머리는 위아래로 납작한데 윗부분은 평평하다. 주둥이는 뾰족하고 위턱보다 아래턱이 길며 주로 아래턱만 움직여 입을 연다. 눈은 아주 크다. 등지느러미는 몸 뒤쪽에 있으며 꼬리지느러미 끝 면은 거의 일직선이다. 수컷의 등지느러미와 꼬리지느러미는 암컷보다 크고 끝 면은 불규칙하다.
| 색깔 | 전체적으로 연한 갈색이고 배 밑은 희다. 몸통에 무늬는 없고 뒤쪽으로 작고 까만 반점들이 많이 있다. 산란기에 수컷의 지느러미는 검은색을 띤다.
| 생활 | 물 흐름이 느리거나 정체된 소하천, 늪, 농수로에 산다. 수질오염으로 산소가 희박한 곳에서도 잘 살고, 섬에도 서식한다.
| 식성 | 동물성 플랑크톤이나 모기 애벌레인 장구벌레 들을 먹이로 한다.
| 분포 | 낙동강과 탐진강 일대, 동해안으로 흐르는 하천, 서남해 섬 부근과 일본에도 분포한다.

동갈치목	송사리과
몸길이 : 4cm	

송사리

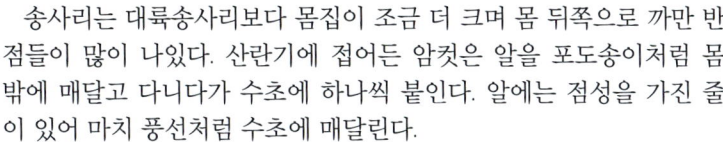

송사리의 난 발생 과정(왼쪽부터 시계 방향으로)

송사리는 대륙송사리보다 몸집이 조금 더 크며 몸 뒤쪽으로 까만 반점들이 많이 나있다. 산란기에 접어든 암컷은 알을 포도송이처럼 몸 밖에 매달고 다니다가 수초에 하나씩 붙인다. 알에는 점성을 가진 줄이 있어 마치 풍선처럼 수초에 매달린다.

송사리는 산업 폐수의 독성을 측정할 때 긴요하게 이용하는 수질 지표종이다. 모기의 애벌레인 장구벌레를 잡아먹으므로 모기에게는 천적이기도 하다. 흔히 작은 물고기를 통틀어 송사리라고 부르기도 하는데, 이것은 잘못된 표현이다. 송사리는 비록 그 크기가 작지만, 엄연히 자연의 일원이고 독립된 종(種)으로 존재한다.

산란기 송사리의 암컷. 포도송이처럼 생긴 알이 보인다.

송사리

동갈치목 | 송사리과
몸길이 : 4cm

송사리의 서식지인 강원도 강릉시 연곡면

대륙송사리, 왜몰개   닮은꼴 물고기

대륙송사리 295

왜몰개 163

| 동갈치목 | 송사리과 | ***Oryzias sinensis*** CHEN, UWA and CHU, 1989 | **대륙송사리** |
| 몸길이 : 3~4cm | **Dwarf rice fish** | 방언 : 송사리 |

| 산란 습성 | 포도송이처럼 알을 달고 다니다가 수초에 붙인다.
| 산란 시기 | 1 2 3 4 ⑤ ⑥ ⑦ 8 ⑨ ⑩ 11 12 (연 2회)

- | 형태 | 몸이 길고 옆으로 납작하며 배는 통통하다. 머리는 위아래로 납작하며 머리 윗부분이 평평하다. 주둥이는 뾰족하고 주로 위턱보다 긴 아래턱만 움직여 입을 연다. 눈은 아주 크다. 등지느러미가 몸 뒤쪽에 있으며 꼬리지느러미 끝 면은 거의 일직선이다. 수컷은 등지느러미와 꼬리지느러미가 암컷보다 크고 끝 면은 불규칙하다. 송사리보다 몸집이 작다.
- | 색깔 | 전체적으로 연한 갈색이고 배 밑은 희다. 몸통에 무늬가 없으면서도 전체적으로 아주 작고 까만 반점들이 많지만 송사리처럼 크거나 뚜렷하지 않다. 수컷은 산란기에 지느러미가 검은색을 띤다.
- | 생활 | 물 흐름이 느리거나 정체된 소하천, 늪, 농수로에 산다. 수질오염으로 산소가 희박한 곳에서도 잘 산다.
- | 식성 | 동물성 플랑크톤이나 모기 애벌레인 장구벌레 따위를 먹고 산다.
- | 분포 | 서해안으로 흐르는 하천과 서해안의 섬 지방에 살며 중국에도 분포한다.

대륙송사리

동갈치목 l 송사리과
몸길이 : 3~4cm

대륙송사리 머리 앞모습(왼쪽)과 머리 옆모습(오른쪽)

　대륙송사리는 몸집이 송사리보다 작고 몸에 까맣고 뚜렷한 반점이 없다는 것 외에는 송사리와 모양이 거의 같고 외형상 차이가 없다. 하지만 계수 계측 형질*을 비교하고 핵형*을 분석한 결과 송사리와 대륙송사리는 서로 독립된 종으로 확인되었으며 대륙송사리는 중국 대륙에 분포하는 종과 핵형이 일치하였다. 반면 송사리는 일본에 분포하는 종과 같으며 지리적으로도 두 종은 각각 중국과 일본에 인접한 지역에 분포한다. 최근에는 우리나라 서해안 일부 수역에서 두 종이 함께 발견되는 경우도 기록되고 있다.

송사리 수컷

*형질(形質, character)
동식물의 모양과 크기, 성질과 같은 특징을 말한다. 생물을 분류할 때 차이를 나타내며, 유전학적으로 그 생물이 지니고 있는 유전적 구성의 총체인 유전형질과 형태나 성질을 나타나는 표현형질도 같은 의미로 쓰인다.

*핵형(核型, karyotype)
각 생물에게 주어진 고유의 염색체 종류와 그 숫자를 의미한다. 종(種), 속(續)에 따라 그 형태와 수가 다르기 때문에 종을 구분하는 데 유용하다. 세포를 핵분열하면 그 중기 혹은 후기에 쉽게 볼 수 있다.

| 동갈치목 I 송사리과 |
| 몸길이 : 3~4cm |

대륙송사리

대륙송사리의 서식지인 경기도 화성시 비봉면

닮은꼴 물고기 송사리, 왜몰개

송사리 292

왜몰개 163

큰가시고기목

Order Gasterosteiformes

큰가시고기과　　큰가시고기 · 가시고시 · 잔가시고기

| 큰가시고기목 | 큰가시고기과 | ***Gasterosteus aculeatus*** (LINNAEUS, 1758) | 큰가시고기 |
| 몸길이 : 13cm | | Three spine stickleback | |

| 산란 습성 | 수컷이 만든 둥지에 암컷 여러 마리가 알을 낳는다. |
| 산란 시기 | 1 2 ❸ ❹ ❺ 6 7 8 9 10 11 12 |

- **형태** | 몸은 유선형이고 옆으로 아주 얇다. 입술은 두툼하고 이빨은 날카롭다. 등에는 강한 가시가 3개 있는데 맨 뒤의 것은 아주 짧다. 수컷의 등에는 미세한 잔가시가 있고 이것은 막으로 등에 연결되어있다. 배와 뒷지느러미 앞에도 가시가 1개씩 있다. 몸통 끝부분(미병부)이 매우 가늘고 옆줄을 따라 초승달 모양의 인판*이 있고 미병부에는 골질 돌기가 있다.
- **색깔** | 전체적으로 금속성 광택이 있는 연한 갈색이며 배 쪽은 연한 황금색을 띤다. 산란 후기에 수컷은 짙푸른 색으로 변하며 배와 몸의 일부, 입 안쪽과 아래턱 밑은 붉은색을 띤다.
- **생활** | 연안에서 생활하다가 매년 이른 봄에 산란을 위해 하천으로 떼 지어 올라간다. 산란을 위한 둥지는 하천 바닥에 짓는다.
- **식성** | 동물성 플랑크톤, 수서곤충, 물고기 알, 작은 물고기 들을 먹고 산다.
- **분포** | 전국 연안과 하천, 특히 동해 남부 지역에 많이 산다. 일본, 북아메리카, 유럽 등에 분포한다.

큰가시고기

큰가시고기목 | 큰가시고기과
몸길이 : 13cm

큰가시고기 등에 있는 가시

큰가시고기의 꼬리 부분 돌기

큰가시고기는 가시고기나 잔가시고기보다 체구가 크고 등에 난 가시가 3개인 것이 특징이다. 새처럼 둥지를 짓고 산란하는데, 둥지 산란을 하는 물고기는 큰가시고기과 어류가 유일하다. 산란기에 수컷이 근처에서 풀잎이나 뿌리 따위를 입으로 물어와 자기 몸에서 나오는 점액질과 섞어 입구와 출구가 분명한 둥지를 만들고 암컷이 접근하기를 기다리는데, 암컷이 다가오면 구애 행위로 둥지 입구까지 유도한다. 이때 암컷이 둥지가 맘에 들면 안으로 들어가 알을 낳고 출구로 빠져나가며 뒤이어 수컷이 따라 들어가 방정을 하고 출구로 빠져나온다. 이후 수컷은 암컷 서너 마리를 더 받아들이는데 7마리 이상이 알을 낳기도 한다.

알을 낳은 암컷들은 몇 시간 안에 죽지만 수컷은 알이 부화할 때까지 가슴지느러미로 부채질을 계속하여 산소를 공급해준다. 이때부터 수컷은 등에 짙은 청색, 배 아래 부분은 빨간색으로 경계색이 나타나며, 다른 물고기들이 침입하면 가시를 날카롭게 세우고 맹렬히 공격한다. 혹시 싸우다 둥지가 망가지면 곧바로 고치고 수시로 둥지 안에 있는 알들을 밖으로 꺼내어 신선한 물과 만날 수 있게 위치를 바꿔주기도 한다. 알에서 갓 나온 새끼들은 둥지 안에서 난황*을 흡수할 때까지 보호를 받다가 1~2일 후 밖으로 나와 유영을 시작한다. 수컷은 둥지를 만들 때부터 새끼들이 떠날 때까지 아무것도 먹지 않으며 새끼가 둥지를 완전히 떠나면 그제서야 둥지 곁에서 지극한 부성애를 마감하고 죽는다.

*난황(卵黃, yolk)
알의 성장에 필요한 노른자위. 알의 세포질 안에 있는 영양물질로, 발생 중에 있는 배아의 양분으로 쓰인다.

*인판(bony plates)
큰가시고시과 어류의 옆줄을 따라 존재하는 여러 개의 딱딱한 판. 크기와 수에 차이가 있어 큰가시고기과 물고기들을 구분하는 중요한 형질이다. 큰가시고기는 아가미 뒤에서 꼬리지느러미 앞까지 온몸에 32~35개가 있다.

큰가시고기가 가시를 접은 모습

큰가시고기목 | 큰가시고기과
몸길이 : 13cm

큰가시고기

큰가시고기의 서식지인 강원도 강릉시 연곡면

닮은꼴 물고기 가시고기, 잔가시고기

가시고기 302

잔가시고기 305

가시고기

Pungitius sinensis (Guichenot, 1869)
Chinese ninespine stickleback

큰가시고기목 | 큰가시고기과
몸길이 : 9cm

산란 습성	수컷이 만든 둥지에 암컷이 알을 낳는다.
산란 시기	1 2 3 4 ⑤ ⑥ 7 8 9 10 11 12

멸종위기야생동식물 Ⅱ급

- **형태** | 몸이 가는 유선형이며 옆으로 아주 납작하다. 주둥이는 뾰족하고 입술은 두툼하다. 아래턱이 위턱보다 길다. 눈은 크다. 등에는 8~9개의 가시가 있는데 등에 막으로 연결되어있다. 배와 뒷지느러미 앞에도 가시가 1개씩 있다. 아가미 뒤에서부터 꼬리지느러미 앞까지 돌기가 연결되어있다. 몸통 끝부분(미병부)이 매우 가늘다.
- **색깔** | 전체적으로 연한 갈색이며 배 쪽은 옅은 황금빛을 띤다. 짙은 갈색 무늬가 온몸에 있다. 산란기에 수컷은 짙푸른 색으로 변한다.
- **생활** | 수초가 많은 하천 중류에 살며 바다로 나가지 않는다. 산란 둥지는 수초의 줄기 아래 짓는다.
- **식성** | 주로 물벼룩, 깔따구 애벌레, 실지렁이 들을 먹고 산다.
- **분포** | 동해로 흐르는 하천 중하류 지역에 주로 분포한다. 제천과 같이 서해로 흐르는 하천 저수지에 사는 것은 빙어가 이식되면서 섞여 유입된 것이라고 알려져있다. 중국과 일본에도 산다.

| 큰가시고기목 I 큰가시고기과 | 가시고기 |
| 몸길이 : 9cm | |

가시고기

가시고기와 잔가시고기는 형태가 비슷하지만 잔가시고기는 등에 있는 가시가 더 굵고 색이 짙으며 몸색도 더 검다. 또한 하천 바닥에 산란 둥지를 짓는 큰가시고기와는 달리 가시고기는 수초의 줄기 아래 부분에 둥지를 지으며, 유인해온 암컷 한 마리에게만 알을 낳게 한 후 곧바로 둥지를 봉쇄하고 가슴지느러미로 부채질을 시작하여 알을 돌본다.

최근 수질오염과 서식지 일대에 분 태풍의 영향으로 그 수가 급격하게 줄고 있다. 2005년 2월 환경부에서 시행한 야생동식물보호법에 의해 '멸종위기야생동식물 II급'으로 지정되어 보호받고 있다.

큰가시고기

잔가시고기

가시고기

큰가시고기목 | 큰가시고기과
몸길이 : 9cm

가시고기의 서식지인 강원도 고성군 간성읍

큰가시고기, 잔가시고기　　　　닮은꼴 물고기

큰가시고기　299

잔가시고기　305

큰가시고기목 l 큰가시고기과	*Pungitius kaibarae* TANAKA, 1915	방언 : 가시고기	# 잔가시고기
몸길이 : 7cm	**Short nine spine stickleback**		

산란 습성	수컷이 만든 둥지에 암컷이 알을 낳는다.
산란 시기	1 2 3 4 ⑤ ⑥ ⑦ ⑧ 9 10 11 12

멸종위기야생동식물 Ⅱ급

- **형태** | 몸이 가는 유선형이며 옆으로 아주 납작하다. 주둥이는 뾰족하고 입술은 두툼하다. 아래턱이 위턱보다 길고 눈은 크다. 등에는 8~10개의 가시가 있고 이것은 막으로 등에 연결되어 있다. 배와 뒷지느러미 앞에도 가시가 1개씩 있다. 아가미 뒤에서부터 꼬리지느러미 앞까지 돌기가 연결되어있다. 몸통 끝부분(미병부)이 매우 가늘다.
- **색깔** | 전체적으로 연한 갈색이며 배 쪽은 옅은 황금색을 띤다. 온몸에 짙은 갈색 무늬가 있다. 등 가시와 등 사이에 있는 막은 검은색이다. 산란기에 수컷은 검푸른 색으로 변한다.
- **생활** | 수초가 많은 하천 중상류와 저수지에 산다. 산란 둥지는 수초의 줄기 중간에 짓는다.
- **식성** | 주로 물벼룩, 깔따구 애벌레, 실지렁이 따위를 먹고 산다.
- **분포** | 동해안으로 흐르는 하천의 중상류, 형산강과 낙동강의 지류인 금호강, 그리고 경북 영천에 서식한다. 일본에도 분포하고 있었지만 지금은 절멸되었다.

잔가시고기

큰가시고기목 | 큰가시고기과
몸길이 : 7cm

잔가시고기(위쪽)와 가시고기(아래쪽)의 등 가시와 가시막

　잔가시고기는 가시고기보다 등가시가 굵고, 등과 그 등에 난 가시를 연결하는 막은 검은색이다. 산란 둥지는 갈대 줄기의 중간 부분에 짓는다. 여러 마리 암컷을 받아들이는 큰가시고기와 달리 암컷 한 마리에게만 알을 낳게 하고 다른 암컷들은 쫓아낸다. 수컷은 알을 돌볼 때부터 유난한 부성애를 나타내며 부화한 새끼가 둥지 밖으로 나와 유영을 시작하면 독립할 때까지 동반하면서 보호한다. 가시고기와 마찬가지로 2005년 2월 환경부에서 시행한 야생동식물보호법에 의해 '멸종위기야생동식물 Ⅱ급'으로 지정되어있고 보호가 필요한 종이다.

잔가시고기. 몸통 끝부분에서 꼬리지느러미로 이어지는 미병부가 아주 가냘픈 것이 큰가시고기과 물고기의 특징이다.

큰가시고기목	큰가시고기과		잔가시고기
몸길이 : 7cm		

잔가시고기의 서식지인 강원도 고성군 죽왕면

닮은꼴 물고기   가시고기, 큰가시고기

가시고기 302

큰가시고기 299

드렁허리목

Order Synbranchiformes

드렁허리과   드렁허리

드렁허리목 l 드렁허리과	***Monopterus albus*** (Zuiew, 1793)		드렁허리
몸길이 : 60cm	Ricefield swamp eel	방언 : 음지, 움지, 누리	

산란 습성	산란 습성에 관해서는 잘 알려져있지 않다.
산란 시기	1 2 3 4 5 ⑥ ⑦ 8 9 10 11 12

- **형태** │ 몸은 뱀장어처럼 아주 길고 가늘며 원통형이다. 머리는 작고 주둥이는 뾰족하다. 위턱이 아래턱보다 길다. 입이 크며 윗입술 앞쪽이 패여있고 그 양옆으로 콧구멍이 있다. 몸 가운데에는 깊은 주름이 길게 나있다. 눈은 아주 작고 피막으로 덮여있다. 지느러미와 비늘이 없다.
- **색깔** │ 전체적으로 주황색인데 등은 황갈색이고 배 쪽은 옅은 주황색이다. 몸 전체에 작은 반점들이 흩어져있다.
- **생활** │ 일생 동안 진흙이 깔린 논, 농수로, 늪지에 살며 건조기에는 진흙이나 논으로 파고 들어가 생활한다.
- **식성** │ 육식성으로 어린 물고기, 곤충, 지렁이 들을 먹고 산다.
- **분포** │ 서해안과 남해안으로 흐르는 하천에 분포한다. 일본, 중국, 인도네시아에도 분포한다.

드렁허리

드렁허리목 | 드렁허리과
몸길이 : 60cm

드렁허리가 공기를 빨아들인 모습(왼쪽)과 한껏 입을 벌린 모양(오른쪽)

수면 위로 주둥이를 내놓고 공기 호흡하고 있는 드렁허리

드렁허리는 주둥이 끝을 물 밖으로 내놓고 턱 밑을 부풀려 공기 호흡을 한다. 가뭄이 들면 진흙을 파서 굴을 만들고 그 속에서 산다. 성장하면서 암컷에서 수컷으로 성전환을 한다고 알려져있다. 지느러미가 없어서 뱀과 혼동하는 경우가 있으나 뱀이 아니다. 예로부터 식용과 약용으로 이용되어왔다.

드렁허리의 머리 앞모습(왼쪽)과 옆모습(오른쪽)

드렁허리. 지느러미가 아예 없거나 퇴화해 보이지 않는다.

| 드렁허리목 | 드렁허리과 | | 드렁허리 |
| 몸길이 : 60cm | | |

드렁허리의 서식지인 경기도 화성군

| 닮은꼴 물고기 | 뱀장어, 다묵장어 |

뱀장어 030

다묵장어 022

쏨뱅이목

Order Scorpaeniformes

둑중개과　둑중개 · 한둑중개 · 꺽정이

| 쏨뱅이목 | 둑중개과 | ***Cottus koreanus*** F∪JII, YABE and CHOI, 2005 | | 둑중개 |
| 몸길이 : 15cm | | **Yellow fin sculpin** 방언 : 뚜구리 | | |

| 산란 습성 | 암컷이 돌 밑에 알을 낳고, 부화할 때까지 수컷이 지킨다. | *대한민국 고유종 |
| 산란 시기 | 1 2 ❸ ❹ 5 6 7 8 9 10 11 12 | 멸종위기야생동식물 Ⅱ급 |

| 형태 | 몸이 유선형이며 뒤쪽은 옆으로 약간 납작하다. 주둥이와 머리는 위아래로 납작하다. 주둥이 끝에 있는 입은 크며 입술은 두툼하다. 위턱과 아래턱 길이는 거의 같다. 머리 위쪽에 있는 눈은 돌출되어있다.
| 색깔 | 전체적으로 녹색을 띤 갈색이고 배 쪽은 연회색이다. 몸에는 검은색과 흰색 반점이 흩어져있다. 등지느러미 끝에는 옅은 황색 띠가 있고 가슴지느러미에는 흰색과 검은색 줄무늬가 반복되어 나타난다.
| 생활 | 물 흐름이 빠르고 바닥에 돌이 많이 깔린 하천의 상류에 산다.
| 식성 | 하루살이, 날도래 같은 수서곤충의 애벌레나 버들치 같은 작은 물고기를 먹고 산다.
| 분포 | 한강 최상류 지역, 금강, 만경강, 섬진강 등지에 분포했으나 금강, 만경강, 섬진강에서는 절멸되었다. 북한의 압록강, 청천강, 두만강에도 서식한다.

둑중개

쏨뱅이목 | 둑중개과
몸길이 : 15cm

둑중개의 머리 앞모습(왼쪽)과 옆모습(오른쪽)

둑중개는 수온이 20℃가 넘지 않는 차가운 하천 최상류 지역에 산다. 한둑중개와 크기와 체형이 비슷하여 구분이 어렵지만 한둑중개는 하천 중하류 지역에 살고, 몸 색깔이 좀 더 짙은 갈색을 띤다. 둑중개는 제2등지느러미 연조 수가 17~21개, 뒷지느러미 연조 수가 14~17개이고, 한둑중개는 제2등지느러미 연조 수가 20~22개, 뒷지느러미 연조 수가 15~18개이다. 2005년 2월 환경부에서 시행한 야생동식물보호법에 의해 '멸종위기야생동식물Ⅱ급'으로 지정되어 보호받고 있다.

2006년 한국 고유종 신종으로 기록됨으로써 학명이 'Cottus poecilopus'에서 'Cottus koreanus'로 변경되었다.

한둑중개(위쪽)와 둑중개의 제2등지느러미 연조(아래쪽)

둑중개

쏨뱅이목	둑중개과		둑중개

몸길이 : 15cm

둑중개의 서식지인 강원도 횡성군 강림면

닮은꼴 물고기　　한둑중개, 꺽정이

한둑중개　316

꺽정이　319

• 둑중개는 전 세계에서 대한민국에만 분포하는 고유종이다.

한둑중개

Cottus hangiongensis Mori, 1930
Tuman river sculpin

방언 : 함경뚝중개

쏨뱅이목 | 둑중개과
몸길이 : 15cm

| 산란 습성 | 암컷이 돌 밑에 알을 낳고 부화할 때까지 수컷이 지킨다. |
| 산란 시기 | 1 2 ③ ④ ⑤ ⑥ 7 8 9 10 11 12 |

멸종위기야생동식물 Ⅱ급

- **형태** | 몸이 유선형이며 뒤쪽은 옆으로 약간 납작하다. 주둥이와 머리는 위아래로 납작하다. 입은 크며 입술은 두툼하다. 위턱과 아래턱은 길이가 거의 같다. 눈은 튀어나와있고 머리 위쪽에 있다.
- **색깔** | 전체적으로 회갈색이고 배 쪽은 연한 황록색이다. 몸에는 검은색과 연한 갈색의 반점이 흩어져있다. 등지느러미 끝에는 황색 띠가 흐리게 나있고 가슴지느러미에는 흰색과 검은색 줄무늬가 반복된다.
- **생활** | 물 흐름이 빠르지만 수초가 많고 바닥에 돌이 많이 깔린 소하천의 하류에 산다.
- **식성** | 주로 수서곤충과 어린 물고기를 먹고 산다.
- **분포** | 동해안으로 흐르는 소하천에 주로 분포하고, 일본과 러시아 연해주에도 서식한다.

쏨뱅이목 l 둑중개과
몸길이 : 15cm

한둑중개

한둑중개 머리 앞모습

    한둑중개는 두만강에서 처음으로 발견되었다. 남한에서는 주로 대관령 동쪽인 영동 지방에서 북쪽 물줄기의 하류 지역에 살고 둑중개는 영서 쪽 수계 최상류 지역에 산다. 최근 들어 두 물고기 모두 수질오염과 서식지 파괴로 인해 그 수가 급격히 줄고 있다. 돌 밑에 암컷이 산란하면 부화할 때까지 그 주변을 지키는 한둑중개는 부성애가 강하다. 2005년 2월 환경부에서 시행한 야생동식물보호법에 의해 '멸종위기야생동식물 Ⅱ급'으로 지정되어 보호받고 있다.

한둑중개 머리 옆모습

닮은꼴 물고기 둑중개, 꺽정이

둑중개 313

꺽정이 319

한둑중개

쏨뱅이목 | 둑중개과
몸길이 : 15cm

한둑중개의 서식지인 강원도 양양군 양양읍

| 쏨뱅이목 | 둑중개과 | ***Trachidermus fasciatus*** HECKEL, 1837 | 꺽정이
| 몸길이 : 17cm | **Rough skin sculpin** |

| 산란 습성 | 조개껍질 안에 산란하고 수컷이 알을 지킨다.
| 산란 시기 | 1 ② ③ ④ 5 6 7 8 9 10 11 12

- **형태** | 몸은 유선형인데 뒤쪽이 가늘다. 머리는 크고 위아래로 납작하며 이마는 평평하다. 입은 주둥이 앞에 있고 입술이 두꺼우며 아래턱 길이가 약간 짧다. 입 모양은 옆으로 긴 一자 형태이다. 눈은 아주 작으며 머리 위쪽에 있다. 몸 가운데에는 길게 이어진 돌기가 있다.
- **색깔** | 전체적으로 짙은 갈색인데 배 쪽은 옅다. 아가미 뒤에서 꼬리지느러미 시작 부분까지 3~4개의 커다란 흑갈색 반점이 있다. 맨 앞의 반점은 제1등지느러미까지 이어진다. 산란기에는 배와 아가미 안쪽 부위에 진한 주황색으로 혼인색을 띤다.
- **생활** | 물 흐름이 느리고 바닥에 자갈과 모래가 많이 깔린 강 하류 바닥에 산다.
- **식성** | 새우 같은 갑각류나 작은 물고기를 먹고 산다.
- **분포** | 서해안과 남해안으로 흐르는 하천 하구에 분포한다. 중국의 일부 지역과 일본의 나가사키 수역에도 적은 수가 분포한다.

꺽정이

쏨뱅이목 | 둑중개과
몸길이 : 17cm

꺽정이의 머리 앞모습(왼쪽)과 옆모습(오른쪽)

꺽정이 머리 부분

산란기에 암컷과 수컷 모두 아가미 안쪽(새막)은 주황색을 띤다. 산란기는 초봄인 2~3월인데, 강 하구나 간석지 등에서 죽은 조개껍데기 안쪽에 산란하며 수컷이 알을 보호한다. 부화한 새끼들은 4~5월이면 강을 거슬러 올라와 생활하며 11월경에 다시 하구로 내려간다. 예로부터 맛이 좋은 물고기로 고서에 기록되어있지만 지금은 그 수가 많이 줄어들어 잘 발견되지 않는다. 일본에서 초기 생활사가 연구되었다.

꺽정이

둑중개, 동사리, 얼룩동사리 | 닮은꼴 물고기

둑중개 313

동사리 344

얼룩동사리 347

쏨뱅이목 l 둑중개과	꺽정이
몸길이 : 17cm	

꺽정이의 서식지인 서울시 한강 밤섬

농어목
Order Perciformes

꺽지과	쏘가리 · 황쏘가리 · 꺽저기 · 꺽지
검정우럭과	블루길 · 배스
시클리과	나일틸라피아
둑중개과	강주걱양태
동사리과	동사리 · 얼록동사리 · 남방동사리 · 좀구굴치
망둑어과	날망둑 · 꾹저구 · 문절망둑 · 흰발망둑 · 풀망둑 · 갈문망둑 · 밀어 · 민물두줄망둑 · 검정망둑 · 민물검정망둑 · 모치망둑 · 말뚝망둥어 · 큰볏말뚝망둥어 · 미끈망둑 · 사백어 · 개소겡
버들붕어과	버들붕어
가물치과	가물치

| 농어목 | 꺽지과 | *Siniperca scherzeri* Steindachner, 1892 | 쏘가리 |
| 몸길이 : 60~70cm | | **Mandarin fish** | |

| 산란 습성 | 여울의 자갈 위에 밤에 집단으로 산란한다. |
| 산란 시기 | 1 2 3 4 ⑤ ⑥ ⑦ 8 9 10 11 12 |

- **형태** | 몸은 옆으로 납작하고 유선형이다. 주둥이는 길고 뾰족하며 위턱보다 아래턱이 매우 길다. 입은 크며 이빨은 날카롭다. 등지느러미 기조는 단단한 극조와 부드러운 연조로 나뉘어있고 극조 가시는 매우 뾰족하다. 뒷지느러미에도 3개의 극조가 있다.
- **색깔** | 전체적으로 황갈색이고 몸 전체에는 표범 무늬처럼 짙은 갈색 반점이 흩어져있다. 가슴지느러미를 제외한 각 지느러미에는 작은 반점들이 얼룩무늬처럼 있다.
- **생활** | 물이 비교적 맑고 자갈과 바위가 많은 큰 강의 중류와 하류에도 산다. 소양호나 대청호 같은 대형 댐호에서는 호안의 돌무더기가 있는 곳에서 산란한다.
- **식성** | 육식성으로 물고기를 먹고 산다. 일부는 새우류도 섭식한다.
- **분포** | 서해안과 남해안으로 흐르는 큰 강에 드물게 분포하며, 최근 만들어진 대형 댐호에도 있다. 중국에도 분포하나 몸에 난 무늬가 다르다.

쏘가리

농어목 | 꺽지과
몸길이 : 60~70cm

돌 틈에 있는 쏘가리

어린 쏘가리

쏘가리는 꺽지와 비슷하게 생겼으나 꺽지보다는 체고가 낮고 체형이 날렵하며 몸통에 표범 무늬가 있는 것이 특징이다.

낮에는 주로 바위틈에서 지내다 어두워질 무렵에 활동을 시작한다. 먹이로는 주로 다른 물고기를 잡아 먹는데, 일단 표적이 된 물고기는 절대로 놓치지 않는다. 형태나 습성으로 보아 우리나라 물속 생태계에서 최상위에 있는 포식자이다. 최근에는 강보다 대형 댐호에서 더 많이 발견되고 있다.

꺽지

| 농어목 | 꺽지과 |
| 몸길이 : 60~70cm |

쏘가리

쏘가리 서식지인 강원도 화천군 파로호

닮은꼴 물고기 — 꺽지, 꺽저기, 농어

꺽지 332

꺽저기 329

황쏘가리

Siniperca scherzeri (STEINDACHNER, 1892)
Yellow mandarin fish

농어목 | 꺽지과
몸길이 : 60cm

| 산란 습성 | 주로 밤에 강이나 호수의 자갈 위에 산란한다. |
| 산란 시기 | 1 2 3 4 ⑤ ⑥ ⑦ 8 9 10 11 12 |

*대한민국 고유종
천연기념물 제190호(한강의 황쏘가리)

- **형태** | 몸은 옆으로 납작하고 유선형이다. 주둥이는 길고 뾰족하며 위턱보다 아래턱이 매우 길다. 입은 크며 이빨은 날카롭다. 등지느러미 기조는 단단한 극조와 부드러운 연조로 나뉘어있고 극조 가시는 매우 뾰족하다. 뒷지느러미에도 3개의 극조가 있다.
- **색깔** | 온몸이 황색이며 배 쪽은 연한 노란색이나 흰색이다. 무늬가 약간 섞인 개체도 있는데, 지금까지 이것은 색소 돌연변이인 알비노*로 알려져있었으나 최근 조사에 따르면 단순 알비노가 아니고 여러 유전자에 의한 색소 발현 현상으로 추정하고 있다.
- **생활** | 물이 비교적 맑고 자갈과 바위가 많이 있는 큰 강과 대형 호수에 산다.
- **식성** | 육식성으로, 물고기와 일부 새우류를 먹고 산다.
- **분포** | 한강과 임진강 등지에 아주 드물게 분포하는데, 파로호와 그 상류에 있는 평화의 댐에 가장 많고 이곳에서 멀어질수록 줄어든다.

| 농어목 I 꺽지과 | 황쏘가리 |
| 몸길이 : 60cm | |

황쏘가리는 쏘가리와 다른 별도의 종으로 간주되기도 했는데, 교배 실험 등을 통해 쏘가리와 같은 종으로 밝혀졌다. 몸통이 누런색인 것은 알비노에 의한 돌연변이로 알려져있었으나, 알비노와는 다른 복잡한 여러 개 유전자에 의한 색소 변이로 추정된다. 이것은 다양한 무늬를 개발할 수 있는 중요한 유전자원이라 할 수 있다. 이 황색 현상은 우리나라 한강에 사는 쏘가리 집단에만 나타난다. 하지만 서식지 파괴와 무분별한 포획, 그리고 외래 도입종(배스, 블루길)에 의해 어린 황쏘가리가 피해를 입는 등 한강 일대에서도 그 수가 차츰 줄어들고 있다.

천연기념물 제190호인 한강의 황쏘가리를 보호하기 위해서는 그 어미가 되는 쏘가리를 보호하고 보존해야 함은 필연적이다.

최근 국립수산과학원 내수면 생태연구소에서는 황쏘가리를 인공 증식하는 데 성공하여 매년 한강에 치어를 방류하는 등 귀중한 자연 자원을 되살리기 위해 많은 노력을 하고 있다. 금강이나 낙동강 일부 수계에서 황쏘가리가 발견된다고는 하지만 이는 인위적으로 이식한 것이지 자연분포는 아닌 것으로 보인다.

부화 직전의 황쏘가리 알(위쪽)과 한강에서 황쏘가리를 방류시키고 있는 모습(아래쪽)

근래 들어 황쏘가리에 본 이름 대신 부정확한 다른 우리말 이름을 붙여 상업적으로 이용하는 사례가 있다.

알에서 깨어난 지 얼마 되지 않은 어린 황쏘가리

*알비노(albino)

색소를 관장하는 유전자에 돌연변이가 일어나 신체의 색소가 결핍되어 나타나는 백화(白化)현상.
물고기에 드물지 않게 나타나며 대부분 유전된다.

쏘가리와 황쏘가리. 뒤쪽에 노란빛을 띠는 것이 황쏘가리이다.

황쏘가리

농어목	꺽지과
몸길이 : 60cm	

황쏘가리의 서식지인 강원도 화천군 파로호

쏘가리 　닮은꼴 물고기

쏘가리　323

* 황쏘가리는 전 세계에서 대한민국에만 분포하는 고유종이다.

농어목	꺽지과	*Coreoperca kawamebari* (TEMMINCK and SCHLEGEL, 1842)	꺽저기
몸길이 : 15cm		Japanese aucha perch 방언 : 남꺽지	

산란 습성	암컷이 수초에 알을 낳고 수컷은 알을 지킨다.
산란 시기	1 2 3 4 ⑤ ⑥ 7 8 9 10 11 12

- **형태** | 몸과 머리는 옆으로 납작하고 체고가 높다. 머리는 크고 주둥이는 뾰족하며 위턱보다 아래턱 길이가 조금 더 길다. 입은 크고 이빨은 날카롭다. 눈은 머리 앞쪽 위에 있다.
- **색깔** | 전체적으로 갈색이고 등에서 배 쪽으로 이어지는 짙은 무늬가 8~10개 있다. 아가미 뒤에는 눈 크기만 한 파란 점이 있다. 주둥이 끝에서 이마를 지나 등지느러미 시작 부분까지 옅은 갈색 줄이 있다. 산란기에 수컷은 전체적으로 검게 변한다.
- **생활** | 바닥에 모래와 자갈이 깔리고 수초가 많이 자라며 물 흐름이 느린 하천 중류 지대나 호수에 서식한다.
- **식성** | 육식성으로 수서곤충, 육상곤충, 작은 물고기들을 먹고 산다.
- **분포** | 탐진강과 그 주변 하천, 낙동강, 거제도 일부 하천에 분포하는데, 지금은 거제도에서 발견되지 않는다. 일본 일부 지역에도 분포하는데 보호종으로 지정하여 보호하고 있다.

꺽저기

농어목 | 꺽지과
몸길이 : 15cm

꺽저기는 쏘가리나 꺽지에 비해 체구가 작고 유영할 때 움직임이 섬세하다. 산란기가 되면 수컷은 흐름이 느린 물속의 수초 지대에 산란장을 정하고 암컷을 산란 장소로 유인한다. 암컷은 2~3회에 걸쳐 알을 낳는데, 이때부터 수컷은 수정란이 부화할 때까지 가슴지느러미로 물살을 일으켜 산소를 공급해주며 알을 노리고 접근하는 다른 물고기들을 물리치기도 한다. 새끼들이 알에서 나온 이후에도 수컷은 상당한 기간 동안 새끼들을 보호하는 부성애를 보인다.

꺽저기 등 무늬

쏘가리(위쪽)와 꺽지(아래쪽)

○●● 민물과 바닷물 사이, 물고기의 삼투압

민물고기는 체액의 삼투압이 민물보다 훨씬 높기 때문에 끊임없이 아가미와 피부를 통해 많은 물이 몸속으로 들어간다. 따라서 민물고기는 입으로 그다지 많은 물을 섭취하지 않으며 몸속으로 들어온 물은 신장을 통해서 끊임없이 묽은 오줌으로 내보내 체내의 삼투압을 조절한다.

반면에 바닷물고기는 체액보다 삼투압이 세 배나 높은 바닷물 속에 살고 있기 때문에 많은 양의 물이 몸 안에서 빠져나간다. 따라서 적극적으로 바닷물을 입과 아가미로 빨아들여 수분을 유지하고 오줌의 양을 적게 하여 체내의 삼투압을 조절한다. 바다와 민물을 오가는 회유성 물고기들이 바닷물과 민물이 섞이는 기수 지역에서 일정 기간 동안 머무는 것은 이처럼 정반대인 삼투압 환경에 적응하기 위해서이다.

| 농어목 | 꺽지과 |
| 몸길이 : 15cm |

꺽저기

꺽저기의 서식지인 전라남도 장흥군 장흥읍(사진 · 조성장)

닮은꼴 물고기   쏘가리, 꺽지

쏘가리 323

꺽지 332

꺽지

Coreoperca herzi HERZENSTEIN, 1896
Korean aucha perch

농어목 | 꺽지과
몸길이 : 15~30cm

| 산란 습성 | 암컷이 돌 밑에 알을 낳고 수컷이 알을 지킨다. |
| 산란 시기 | 1 2 3 ④ ⑤ ⑥ ⑦ 8 9 10 11 12 |

* 대한민국 고유종

- **형태** | 몸이 약간 길며 옆으로 납작하고 체고가 높다. 머리는 크고 주둥이는 뾰족하며 위턱보다 아래턱 길이가 조금 더 길다. 입은 크고 이빨은 날카롭다. 눈은 꺽저기보다 작고 머리 앞쪽 위에 있으며 약간 돌출되어있다.
- **색깔** | 전체적으로 녹갈색이고 등에서 배 쪽으로 7~8개의 굵고 짙은 반점이 이어져있다. 아가미 뒤에는 눈 크기만 한 파란 점이 있다. 머리에는 눈을 중심으로 하는 5~6개의 방사 무늬가 있다.
- **생활** | 물이 맑고 바위와 자갈이 많은 하천 중상류 지대 돌 밑에 서식하며 밤이 되면 돌 아래서 나와 사냥을 한다.
- **식성** | 육식성으로 식욕이 왕성하며 수서곤충과 갑각류, 작은 물고기를 먹고 산다.
- **분포** | 전국의 거의 모든 하천에 분포한다. 동해안으로 흐르는 일부 하천은 자연 분포가 아니라 인공적인 방류에 의한 분포로 추정된다.

| 농어목 | 꺽지과 |
| 몸길이 : 15~30cm |

꺽지

꺽지는 꺽저기보다 몸이 조금 더 길고, 꺽저기와는 달리 머리와 등을 가르는 줄무늬가 없다. 암컷이 산란하고 나서 수컷이 알을 돌보는 과정은 꺽저기와 비슷하지만 알을 붙이는 곳이 다르다. 알에서 부화한 새끼들이 어느 정도 자랄 때까지 그 곁을 지키는 부성애 습성이 있다.

또한 꺽지는 주변 환경에 맞추어 자신의 몸 색깔을 바꾸는 보호색*을 발현하는 능력이 뛰어나다.

*보호색 (保護色)

동물이 다른 동물의 공격으로부터 자신을 보호하거나 먹이를 포식하기 위해 주위 환경이나 배경과 비슷하게 되어있는 몸 색깔. '은폐색'이라고도 한다. 일반적으로 피식자가 포식자의 눈을 피하기 위해 주변과 닮은 색을 하고 있지만, 반대로 포식자가 피식자 눈에 띄지 않고 접근하기 위해 보호색을 지니기도 한다.

꺽지의 아가미 위 반점(위쪽)과 머리 앞모습(아래쪽)

알에서 갓 부화한 어린 꺽지

꺽저기. 머리 앞부터 등까지 연갈색 줄무늬가 있다.

꺽지

농어목 | 꺽지과
몸길이 : 15～30cm

꺽지의 서식지인 강원도 홍천군 서면

쏘가리, 꺽저기   닮은꼴 물고기

쏘가리 323

꺽저기 330

• 꺽지는 전 세계에서 대한민국에서만 분포하는 고유종이다.

농어목	검정우럭과	***Lepomis macrochirus*** Rafinesque, 1819	**블루길**
몸길이 : 15~25cm		**Blue gill** 방언 : 월남붕어	

| 산란 습성 | 수컷이 바닥에 산란 터를 만들고 암컷을 유인하여 산란한다. | 외래 도입종 |
| 산란 시기 | 1 2 3 ④ ⑤ ⑥ 7 8 9 10 11 12 | |

- **형태** | 몸은 옆으로 납작하고 체고가 아주 높아 원형에 가깝다. 머리는 작고 주둥이는 짧다. 위턱보다 아랫턱이 약간 길다. 입은 크고 이빨은 날카롭다. 눈은 작고 머리 앞쪽에 있다.
- **색깔** | 전체적으로 갈색 또는 청갈색이고 배 쪽은 누런색을 띤다. 특히 산란기에는 몸색이 강렬해지며 머리 아랫부분이 밝은 청색을 띤다. 등에서 배 쪽으로 이어지는 굵고 긴 띠가 8~9개 있다. 아가미 바로 뒤 눈과 평행을 이루는 위치에 파란색 점이 있다.
- **생활** | 호수나 강, 저수지, 하천 하구의 수초 지대에 주로 산다.
- **식성** | 어릴 때는 물벼룩을 비롯한 동물성 플랑크톤을, 커서는 수서곤충과 갑각류, 물고기 알, 작은 물고기 들을 먹이로 한다.
- **분포** | 원산지는 북아메리카 동부 지역이다. 우리나라에 도입된 외래종으로, 중부 지방의 댐이나 저수지, 하천에 우점종으로 산다. 최근 영동과 남부 지방에도 빠르게 확산되고 있다.

블루길

농어목 | 검정우럭과
몸길이 : 15~25cm

블루길은 처음 우리나라에 도입될 때 '파랑볼우럭'이라고 불렀다가 다시 '블루길'로 이름을 바꾸었다. 1969년 당시 수산청이 일본으로부터 들여와 시험 사육하고 한강의 팔당댐 등 새로 축조되는 호수에 자원 조성용으로 방류하였다. 이후 블루길은 왕성한 번식력으로 주변에 있는 하천까지 퍼져 정착했는데, 어린 물고기와 새우 들을 많이 잡아먹어 우리나라 고유종을 비롯한 토종 물고기가 서식하는 데 위협이 될 뿐만 아니라 물속 생태계 균형에 영향을 주고 있다. 현재 영동 지역과 남부 지방의 일부 하천을 제외한 전국의 하천, 댐, 저수지에서 상당수 발견되고 있다. 이미 토착화된 외래 도입종이다.

*우점종(優占種, dominant species)
일정한 범위 안의 생물 군집(群集) 가운데서 가장 많은 수나 양이 출현하는 종. 군집의 성격을 결정하는 데 주로 쓰인다.

블루길의 서식지인 충청북도 제천시 충주호

꺽지, 나일틸라피아 | **닮은꼴 물고기**

꺽지 332

나일틸라피아 339

| 농어목 | 검정우럭과 | ***Micropterus salmoides*** (LACEPÈDE, 1802) | 배스 |
| 몸길이 : 45~60cm | | Large mouth bass | |

| 산란 습성 | 수컷이 바닥에 산란터를 만들고 암컷을 유인하여 산란한다. | 외래 도입종 |
| 산란 시기 | 1 2 3 4 ⑤ ⑥ 7 8 9 10 11 12 | |

- **형태** 몸이 길고 옆으로 납작한 유선형이다. 머리는 크고 주둥이는 뾰족하다. 위턱보다 아래턱이 길다. 입은 매우 크고 이빨은 날카롭다. 눈은 작고 머리 앞쪽에 있으며 제1등지느러미는 가시로 되어있고 제2등지느러미는 부드러운 연조로 되어있다.
- **색깔** 전체적으로 푸른색인데 등 쪽은 짙고 배 쪽은 노란빛을 띤다. 몸 가운데에는 청갈색 줄 무늬가 구름 모양으로 길게 있다.
- **생활** 물 흐름이 느린 강과 하천, 그리고 댐호에서 돌이나 수몰나무, 수초 지대 등 은신처를 중심으로 먹이 사냥을 한다. 활발히 이동하면서 산다.
- **식성** 육식성으로 곤충, 지렁이, 거머리, 물고기뿐 아니라 개구리, 자라, 들쥐, 새까지 포식한다.
- **분포** 원산지는 미국의 남동부 지역(멕시코 북동부, 플로리다, 미시시피강 유역, 남부의 오대호 유역)이고 우리나라에는 중부지방의 댐, 저수지, 하천과 낙동강, 섬진강 등에 퍼져있다.

배스

농어목 | 검정우럭과
몸길이 : 45~60cm

배스는 입이 커서 '큰입배스'라고도 한다. 블루길과 함께 우리나라의 토종 물고기를 감소시키는 대표적인 외래 도입종으로 지목받고 있다. 1973년 당시 수산청이 어자원 조성용으로 미국으로부터 도입하여 대량생산을 시험하고 하천에 방류한 이후부터 빠른 속도로 확산되었다. 이러한 결과는 생태에 미칠 영향을 조사하지 않고 자원 조성용 물고기를 무분별하게 이식 방류했기 때문에 일어난 것이다.

최근 낚시 대상어나 식용으로 이용되고 있다. 세계적으로 39개국 이상 이식되어 각국의 수서 생태계에 영향을 주고 있다.

붉은귀거북(청거북), 배스, 블루길 들은 환경부에서 '위해외래동식물'로 지정하여 관리하고 있다.

배스가 입을 벌린 모습

배스의 서식지인 경기도 양평군 양서면

꺽지 　　닮은꼴 물고기

꺽지　332

농어목	시클리과	***Oreochromis niloticus*** (LINNAEUS, 1758)		# 나일틸라피아
몸길이 : 50cm		**Nile mouth breeder**	방언 : 역돔, 민물돔	

산란 습성	수컷이 알을 입에 품어 수정, 부화, 초기 양육한다.	외래 도입종
산란 시기	1 2 3 4 5 6 ⑦ ⑧ 9 10 11 12 (한국)	

- **형태** | 몸은 체고가 높은 타원형이고 옆으로 납작하다. 주둥이는 길고 뾰족하며 등 곡선은 동그랗게 휘어있다. 아래턱이 약간 길다. 입은 크지 않으나 산란기가 되면 새끼를 키우기 위해 수컷의 입이 매우 발달되고 커진다.
- **색깔** | 전체적으로 은빛이 나는 갈색이고 배 쪽은 희다. 등에서 배 쪽으로 이어지는 무늬가 8~10개 있다. 산란기에 수컷은 주둥이를 비롯하여 등지느러미 끝이 담홍색을 띤다.
- **생활** | 17~35℃ 수온에 사는 열대어로 우리나라에서는 특별한 가온 시설이 없으면 겨울을 나지 못한다. 어린 것은 15℃, 어미는 10℃ 이하로 내려가면 죽는다. 연못이나 하천 하류, 강 하구에 산다.
- **식성** | 조류, 수생식물, 유기물, 동물성 플랑크톤 들을 먹고 산다.
- **분포** | 아프리카가 원산지로 세계 각국에 양식용으로 이식되었다. 우리나라에서 양식되는 종은 여러 종이 교배된 것으로 추정되며 식용을 위해 양식된다.

나일틸라피아

농어목 | 시클리과
몸길이 : 50cm

나일틸라피아 수컷은 모래나 진흙 바닥에 웅덩이를 만들어 그곳을 산란 장소로 사용하는데, 암컷이 낳은 알을 수컷이 방정하여 수정시킨다. 그리고 수컷은 알이 부화하여 자유로이 유영할 때까지 20여 일 동안 그것을 입안에 넣어 보호하는데, 이 기간에는 아무것도 먹지 않는다. 1955년 당시 국립수산과학원 기구인 진해 내수면연구소가 태국에서 이 종을 들여오면서부터 국내 양식이 시작되었다. 우리나라는 겨울철에 수온이 15℃ 아래로 내려가 나일틸라피아가 자연 서식하기에는 불가능하기 때문에 우리나라 강에서는 정착이 어렵다고 알려져있다.

나일틸라피아가 입을 벌린 모습(위쪽)과 어린 나일틸라피아(아래쪽)

블루길　　　　　　닮은꼴 물고기

블루길　335

| 농어목 | 돛양태과 | ***Repomucenus olidus*** (GUNTHER, 1873) | # 강주걱양태
| 몸길이 : 7cm | Dragonet fish |

| 산란 습성 | 암수 두 마리가 중층으로 올라오면서 방정한다.
| 산란 시기 | 1 2 3 4 5 6 7 8 9 10 11 12

- **형태** | 몸이 작고 머리와 가슴 부분은 위아래로 납작하며 뒤쪽은 가늘다. 주둥이는 뾰족하고 위턱이 길다. 머리 위로 튀어나와있는 눈은 크기가 작다. 가슴지느러미가 크고 배지느러미와 연결된다. 제1등지느러미는 아주 미약하고, 제2등지느러미도 작다.
- **색깔** | 전체적으로 갈색이고 모래와 비슷한 모양이며, 배아래 쪽은 흰색이다. 배와 제2등지느러미를 제외한 모든 부분에 흰색과 검은색 반점이 흩어져있다.
- **생활** | 강 하류와 연안의 모래 바닥에 사는데, 바닷물이 영향을 미치는 곳까지 올라온다. 위험에 처했을 때나 쉬려고 할 때는 모래 속으로 숨는다.
- **식성** | 모래 바닥에 주로 사는 갯지렁이와 소형 갑각류 같은 저서생물을 먹고 산다.
- **분포** | 한강 밤섬, 임진강, 파주, 금강 강경, 동진강 하구인 부안 등지에 서식하고, 중국 남부인 양자강 하구에도 분포한다.

강주걱양태

농어목 | 돛양태과
몸길이 : 7cm

강주걱양태라는 이름은 이 물고기가 강에 살고 몸 앞부분이 납작하면서 꼬리자루가 긴 모양이어서 마치 주걱처럼 보인다고 하여 붙었다. 주로 하구 쪽에 살고 있으나 염분이 없는 중류역까지 올라온다. 뛰어난 보호색으로 모래 바닥에서 자신을 보호하며 놀라면 모래 속으로 파고 들어가 눈만 내민다. 호흡을 할 때는 입으로 들이마신 물을 등으로 뿜어내는데, 이것은 강주걱양태가 다른 물고기와는 달리 아가미구멍이 등 쪽으로 나있기 때문이다. 닮은꼴 물고기로는 양태가 있다.

강주걱양태의 머리 앞모습(위쪽)과 옆모습(아래쪽)

강주걱양태의 가슴지느러미(위쪽)와 위에서 본 모습(아래쪽)

*저서생물(底棲生物)

호수나 바다, 늪, 강에서 그 밑바닥에 사는 동물을 말한다. 무명조개나 갯지렁이처럼 바다 밑에 숨어드는 종류도 있고 해삼처럼 기어서 살아가는 종도 있다.

모래 속에 숨어있는 강주걱양태

| 농어목 | 돛양태과 | | 강주걱양태 |
| 몸길이 : 7cm | | |

강주걱양태의 서식지인 서울시 강서구 한강

동사리

Odontobutis platycephala Iwata and Jeon, 1985
Korean dark sleeper

방언 : 뚝지, 뚜구리

농어목 | 동사리과

몸길이 : 15~18cm

| 산란 습성 | 돌 밑에 암컷 여러 마리가 알을 낳고 수컷이 알을 지킨다. |
| 산란 시기 | 1 2 3 ④ ⑤ ⑥ ⑦ 8 9 10 11 12 |

°대한민국 고유종

| 형태 | 몸은 유선형인데, 앞쪽은 둥글고 뒤쪽은 옆으로 약간 납작하다. 주둥이와 머리는 위아래로 납작하다. 입은 크고 이빨은 날카롭다. 아래턱이 길고 입술은 두툼하다. 눈은 머리 위쪽에 있고 크기는 작다. 등지느러미는 2개이며 제1등지느러미 극조는 가시로 되어있지 않다.
| 색깔 | 전체적으로 황갈색이고 암갈색으로 지저분한 반점이 흩어져있다. 제1등지느러미의 중간, 제2등지느러미 끝부분, 꼬리지느러미 시작 부분에는 짙은 갈색 반점이 커다랗게 나있고 각 지느러미에는 방사형 줄무늬가 있다.
| 생활 | 물 흐름이 느리고 바닥에 모래나 자갈이 많이 깔린 하천의 중상류 돌 밑에 살고, 강과 호수 연안의 수초 지대에도 산다.
| 식성 | 주로 작은 물고기나 수서곤충, 갑각류(새우류)를 먹고 산다.
| 분포 | 동해안으로 흐르는 하천을 제외한 전국에 분포한다.

| 농어목 I 동사리과 |
| 몸길이 : 15~18cm |

동사리

동사리 머리 앞모습

동사리 머리 옆모습

 동사리는 얼록동사리와 겉모양이 매우 비슷하나 머리가 더 납작하고 몸에 난 3개의 무늬가 서로 연결되어있다. 반면에 얼록동사리는 무늬가 옆면 위쪽에서 끊어진다. 동사리의 이빨은 날카롭고 안쪽으로 나있어 먹이를 한번 물면 절대로 놓지 않는다. 낮에는 주로 돌 밑에서 지내다 어두워지면 먹이 활동을 시작한다.

얼록동사리

남방동사리

동사리

농어목 | 동사리과
몸길이 : 15~18cm

동사리의 서식지인 경기도 양평군 개군면

얼록동사리, 남방동사리　　　닮은꼴 물고기

얼록동사리 347

남방동사리 350

* 동사리는 전 세계에서 대한민국에만 분포하는 고유종이다.

| 농어목 | 동사리과 | ***Odontobutis interrupta*** Iwata and Jeon, 1985 | | **얼록동사리** |
| 몸길이 : 15~20cm | **Korean dark sleeper** | 방언 : 뚝지 | |

| 산란 습성 | 돌 밑에 암컷 여러 마리가 알을 낳고 수컷이 알을 지킨다. |
| 산란 시기 | 1 2 3 4 ⑤ ⑥ ⑦ 8 9 10 11 12 |

*대한민국 고유종

| 형태 | 몸은 유선형으로 둥글지만, 주둥이와 머리는 위아래로 납작하다. 입은 크고 이빨은 날카롭다. 아래턱 길이가 길고 입술은 두툼하다. 눈은 머리 위에 있는데 크기가 작다. 등지느러미는 2개이며 제1등지느러미의 극조는 가시로 되어있지 않다.
| 색깔 | 황갈색 몸에 배 쪽은 흰색이나 미색이고, 흑갈색 반점이 온몸에 어지럽게 퍼져있다. 제1등지느러미 중간, 제2등지느러미 끝부분, 꼬리지느러미 시작 부분에는 큰 진갈색 반점이 있지만 동사리처럼 뚜렷하지는 않다. 각 지느러미에는 방사형 줄무늬가 있다.
| 생활 | 물 흐름이 비교적 느리고 모래나 자갈, 펄이 깔린 하천 중류와 대형 호수의 돌 밑에 살고 연안의 수초 지대에서도 생활한다.
| 식성 | 주로 작은 물고기나 수서곤충, 갑각류(새우류)를 먹고 산다.
| 분포 | 영산강 북쪽에 서해로 흐르는 하천에 분포한다.

얼록동사리

농어목 | 동사리과
몸길이 : 15~20cm

얼록동사리 머리 앞모습(왼쪽)과 옆모습 (오른쪽)

동사리는 몸에 있는 3개의 무늬가 온몸을 따라 발달되어 뚜렷하지만, 얼록동사리는 그것이 치밀하지 못하고 양쪽 옆면 상단부에서 끊어져있다. 몸색은 동사리보다 더 진한 갈색이다. 산란기에 암컷은 돌 밑에 알을 붙이는데, 수컷 한 마리가 지키는 산란장에 암컷 2~3마리가 알을 낳고 수컷의 세력에 따라 산란하는 암컷의 수에 차이가 난다. 수컷은 지느러미로 부채질하면서 수정된 알에 산소를 공급하여 부화를 돕는다.

남방동사리

동사리

| 농어목 | 동사리과 |
| 몸길이 : 15~20cm |

얼록동사리

얼록동사리의 서식지인 경기도 용인

닮은꼴 물고기 꺽정이, 동사리, 남방동사리

꺽정이 319

동사리 344

남방동사리 350

* 얼록동사리는 전 세계에서 대한민국에만 분포하는 고유종이다.

| 남방동사리 | ***Odontobutis obscura*** (Temminck and Schlegel, 1845)
Dark sleeper　　　　　　　　방언 : 뚝지 | 농어목 | 동사리과
몸길이 : 10～14cm |

| 산란 습성 | 암컷이 돌 밑에 알을 낳고 수컷이 알을 지킨다. |
| 산란 시기 | 1　2　3　④　⑤　⑥　⑦　8　9　10　11　12 |

- **형태** | 몸은 긴 유선형인데, 앞쪽은 둥글고 뒤쪽은 옆으로 납작하다. 주둥이와 머리는 위아래로 납작하다. 주둥이 앞쪽에 있는 입은 크고 이빨은 날카롭다. 아래턱 길이가 길고 입술은 두툼하다. 눈은 머리 위에 있는데 크기가 작다.
- **색깔** | 전체적으로 진한 갈색이며 배 쪽은 연한 황갈색이다. 제1등지느러미 중간, 제2등지느러미 끝부분, 꼬리지느러미 시작 부분에는 큰 진갈색 반점이 있다. 각 지느러미에는 점열형 반점들이 있다.
- **생활** | 물 흐름이 느리고 모래나 자갈이 많이 깔린 하천의 중상류에 산다.
- **식성** | 주로 작은 물고기나 수서곤충을 먹고 산다.
- **분포** | 거제도에 서식하는데, 개체 수가 적다. 일본 남서부와 중국 남부에도 분포하는 것으로 알려져있으며, 필리핀과 인도네시아에도 분포한다고 하나 확실하지 않다.

농어목	동사리과
몸길이 : 10 ~ 14cm	

남방동사리

남방동사리 머리 앞모습

남방동사리 머리 옆모습

   남방동사리 역시 동사리과의 다른 물고기인 동사리 및 얼룩동사리와 매우 비슷하지만 이들보다 몸색이 조금 더 진한 흑갈색이다. 체형은 얼룩동사리와 비슷하고 몸에 있는 무늬는 동사리와 비슷하다. 1999년 국립공원관리공단의 채병수 박사에 의해 거제도에 분포한다는 사실이 처음 알려졌다. 분포 지역이 거제도에 국한되고 있어 동물지리학적으로 매우 중요하며 보호가 필요한 종이다.

동사리

얼룩동사리

남방동사리

농어목 | 동사리과
몸길이 : 10~14cm

남방동사리 서식지인 경상남도 거제시 동부면

동사리, 얼록동사리   닮은꼴 물고기

동사리 344

얼록동사리 347

| 농어목 | 동사리과 | *Micropercops swinhonis* (GUNTHER, 1873) | 좀구굴치
몸길이 : 4~5cm

| 산란 습성 | 수초나 돌 밑에 암컷 여럿이 알을 낳고 수컷이 지킨다.
| 산란 시기 | 1 2 3 ④ ⑤ ⑥ 7 8 9 10 11 12

| 형태 | 크기가 작고 몸과 머리는 옆으로 납작하다. 아래턱이 크고 입은 위를 향하고 있다. 눈은 작고 머리 위쪽에 있다. 양쪽 배지느러미가 아주 가깝지만 붙어있는 것은 아니다. 꼬리지느러미 끝은 둥글다. 산란기 수컷은 제1등지느러미가 발달된다.
| 색깔 | 몸은 황갈색이고 등에서 배 아래로 진갈색 무늬 9~10개가 이어져있다. 수컷은 배 아래쪽이 진한 노란색을 띠는데, 산란기에는 제1등지느러미가 화려해지고 몸이 검은색으로 변한다.
| 생활 | 물 흐름이 느리고 수초가 많은 강 중류와 저수지 가장자리에 산다.
| 식성 | 어릴 때는 물벼룩을, 자라면서 요각류와 깔따구 애벌레, 실지렁이를 먹고 산다.
| 분포 | 지금까지 알려진 분포 지역은 전북 진안군 마령(현재는 절멸됨), 부안군 청호 저수지, 고창군 동림 저수지, 전주 만경강 중류 등이었으나 최근 경기도 시흥이나 서해로 흐르는 지역의 저수지에서 발견되고 있다. 중국에 분포한다.

좀구굴치

농어목 | 동사리과
몸길이 : 4~5cm

산란기에 좀구굴치 수컷은 돌 아래나 수초 주위를 깨끗이 청소해놓은 다음 암컷을 유인하여 산란시킨다. 다른 암컷에게도 옆자리의 산란을 허용하며 암컷은 알을 낳고 곧바로 죽는다. 수정된 알은 수컷이 앞지느러미로 물살을 일으켜 산소를 공급해주고 다른 물고기가 접근하면 쫓아내는 등 정성껏 알을 보호한다.

진안, 부안, 고창, 삼례 등 전라북도 지방의 수계에서만 발견된 것으로 기록하고 있으나, 최근 경기도와 충청남도 일대 수계에도 서식하는 것이 확인되었다.

전주에서 채집된 좀구굴치(위쪽)와 좀구굴치 암수(아래쪽)

경기도에서 채집된 좀구굴치

좀구굴치 암컷

| 농어목 | 동사리과 |
| 몸길이 : 4~5cm |

좀구굴치

좀구굴치의 서식지인 경기도 시흥

닮은꼴 물고기   날망둑, 갈문망둑, 밀어

날망둑 356

갈문망둑 371

밀어 374

날망둑

Chaenogobius castaneus (O'SHAUGHNESSY, 1875)
Chestnut goby

방언 : 날살망둑어, 뚜구리

농어목 l 망둑어과
몸길이 : 8~9cm

| 산란 습성 | 작은 돌 밑에 산란하고 수컷이 보호한다. |
| 산란 시기 | ❶ ❷ ❸ ❹ 5 6 7 8 9 10 11 12 |

- **형태** | 몸이 길고 앞쪽은 둥글고 뒤쪽은 옆으로 납작하다. 입은 주둥이 앞에 있고 위턱과 아래턱은 거의 같다. 배지느러미가 서로 붙어 흡반을 형성하고 있다. 눈은 아주 작고 튀어나왔다.
- **색깔** | 전체적으로 황갈색이고 배 쪽은 노란색이다. 등에서 배 아래로 노란색 가로 줄무늬가 있다. 제1·2등지느러미와 뒷지느러미에는 5열 종대로 무늬가 있고, 끝에는 까만 반점이 있다. 산란기에 암컷은 배와 가슴, 등지느러미가 진한 검은색으로 변한다.
- **생활** | 강 하구에 인접한 하류와 연안의 모래 바닥에서 살며, 동해로 유입되는 작은 하천의 하류의 모래와 작은 자갈이 깔리고 수초가 있는 곳에 많다.
- **식성** | 동물성 플랑크톤과 바닥에 사는 작은 동물을 먹고 산다.
- **분포** | 동해로 흐르는 하천에 주로 서식하고, 남해 및 서해로 흐르는 강 하구에 분포한다. 내륙 저수지인 철원에서도 발견되었다. 일본과 중국에 분포한다.

농어목	망둑어과
몸길이 : 8~9cm	

날망둑

날망둑 암컷

날망둑은 같은 날망둑속(屬) 어류인 꾹저구와 매우 비슷하지만 꾹저구에 비해 등이 굽었으며 제2등지느러미가 길다. 제2등지느러미, 뒷지느러미, 꼬리지느러미들이 끝에 흰색 띠가 없는 것도 꾹저구와 다른 점이다. 다른 망둑어과(科) 물고기들이 배지느러미가 서로 붙어 형성된 흡반을 이용하여 돌 사이를 옮겨 다니는 것과는 달리, 날망둑은 하천의 중층에서 유영하며 다닌다.

꾹저구

○●● 망둑어과 물고기의 흡반

흡반(吸盤, sucker)은 동물이 물체나 다른 동물에 달라붙기 위한 장치를 말하는데, 빨판 혹은 흡착기라고도 부른다. 민물고기 중 원구류인 다묵장어나 칠성장어는 입이 동그랗고 턱이 없는 빨판 구조로 되어있어 이를 이용하여 돌이나 바위 등에 붙어 몸을 고정시키며 다른 물고기의 몸에 달라붙어 체액을 빨기도 한다.

망둑어과 물고기는 배 양쪽에 있는 배지느러미가 맞붙어 형성된 흡반이 있는데, 이것은 흐르는 강물에 쓸려 내려가지 않고 이동 중에 바닥의 돌이나 물체에 붙어 몸을 고정시키는 역할을 한다.

날망둑 배지느러미 흡반

날망둑

농어목 | 망둑어과
몸길이 : 8~9cm

날망둑의 서식지인 강원도 강릉시 연곡면

꾹저구, 좀구굴치, 갈문망둑   닮은꼴 물고기

꾹저구   359

좀구굴치   353

갈문망둑   371

| 농어목 l 망둑어과 | *Chaenogobius urotaenia* (HILGENDORF, 1879) | 꾹저구 |
| 몸길이 : 10cm | **Floating goby** 방언 : 뚜구리 | |

| 산란 습성 | 돌 밑에 암컷이 산란하면 수컷이 수정란을 지킨다. |
| 산란 시기 | 1 2 3 4 ⑤ ⑥ ⑦ 8 9 10 11 12 |

| 형태 | 몸이 길며 앞쪽은 둥글고 뒤쪽은 옆으로 납작하다. 머리는 위아래로 납작하고 이마는 평평하다. 입은 크며 위아래 턱 길이가 비슷하다. 머리 위쪽으로 튀어나온 눈은 아주 작고 간격이 멀다. 배지느러미는 서로 붙어 흡반을 형성하며, 꼬리지느러미 끝이 둥글다.
| 색깔 | 전체적으로 황갈색이고, 배는 노란색 또는 흰색이다. 등에서 배 아래로 7~8개의 짙은 갈색 줄무늬가 이어져있다. 제1등지느러미 끝은 검은색이고 제2등지느러미와 뒷지느러미, 꼬리지느러미 끝은 흰색이다. 머리와 온몸에는 검은색 작은 반점들이 흩어져있다.
| 생활 | 바닷물과 만나는 강 하구의 자갈이 깔린 곳에 주로 살지만, 강 중류나 대형 호수에도 산다.
| 식성 | 어릴 때는 물벼룩을 먹지만 자라면 강 바닥에 사는 수서곤충이나 실지렁이 들을 먹는다.
| 분포 | 전국 연안의 기수역에 많이 분포하고, 특히 동해로 흐르는 하천에 많다. 일부 하천의 중하류나 대형 호수에도 서식하고, 일본과 시베리아에 분포한다.

꾹저구

농어목 | 망둑어과
몸길이 : 10cm

꾹저구의 머리 앞모습(왼쪽)과 옆모습(오른쪽)

꾹저구는 같은 종이라 해도 두세 가지 다른 형태를 보인다.

꾹저구는 같은 날망둑속(屬)에 속하는 물고기인 날망둑보다 머리가 납작하고 양쪽 눈의 간격이 멀다. 꼬리지느러미 시작 부분(미병부)에 삼각형 모양으로 검은색 반점이 있는 것과 제2등지느러미가 좀 더 큰 것도 날망둑과 구분되는 점이다. 꾹저구는 형태와 몸색이 다른 두세 가지 유형으로 구분할 수 있고, 생태적인 차이를 보이는 것들도 있다.

어린 꾹저구

| 농어목 l 망둑어과 |
| 몸길이 : 10cm |

꾹저구

꾹저구의 서식지인 강원도 양양군 강현면

닮은꼴 물고기 날망둑, 갈문망둑, 좀구굴치

날망둑 356

갈문망둑 371

좀구굴치 353

문절망둑

Acanthogobius flavimanus (TEMMINCK and SCHLEGEL, 1845)
Oriental goby

방언 : 문절이, 운조리

농어목 l 망둑어과
몸길이 : 25cm

산란 습성	조간대 갯벌에 수컷이 굴을 파고 알을 낳고 지킨다.
산란 시기	1 2 ③ ④ ⑤ 6 7 8 9 10 11 12

- **형태** | 몸은 원통형이며 뒤쪽으로 갈수록 좁아지면서 옆으로 납작하다. 머리는 위아래로 조금 납작하고 눈은 머리 위쪽에 있다. 위턱이 약간 길며 입은 배 쪽으로 살짝 치우쳐있다. 배지느러미끼리 붙어서 흡반을 형성하고 있다.
- **색깔** | 등 쪽은 황갈색 또는 회갈색이고 배 쪽으로 갈수록 연노란빛을 띤다. 몸 중앙에는 불규칙한 암갈색 반점이 있다. 등지느러미와 꼬리지느러미에는 검은 반점이 여러 줄로 띠를 형성하고 배지느러미와 뒷지느러미에는 무늬가 없다.
- **생활** | 강어귀나 연안에 사는데, 여름에는 강 하류와 간석지 연못에 어린 물고기들이 나타난다.
- **식성** | 어릴 때는 동물성 플랑크톤을 먹고, 자라면서 새우, 실지렁이, 어린 물고기 들을 먹는다.
- **분포** | 서해 남부와 남해안, 동해 남부의 연안과 강 하류에 살며, 일본 홋카이도 남부 이남, 중국, 오스트레일리아, 미국 로스앤젤레스에도 분포한다.

| 농어목 | 망둑어과 |
| 몸길이 : 25cm |

문절망둑

문절망둑의 머리 앞모습(왼쪽)과 옆모습(오른쪽)

　문절망둑은 풀망둑과 아주 닮아서 혼동하기 쉬운데, 풀망둑은 꼬리지느러미에 무늬가 없는 반면 문절망둑은 꼬리지느러미에 작은 줄무늬가 규칙적인 띠를 형성하고 있다. 만 1년 이상 자라면 어미가 되어 산란하고 죽지만 산란하지 않는 개체는 만 2년까지 산다. 본디 우리나라와 일본, 중국에만 서식하던 종이었으나, 대형 유조선이나 화물선의 무게중심을 유지하기 위하여 채우는 바닷물(밸러스트 워터*)을 따라 오스트레일리아나 미국처럼 일본과 우리나라 화물선이 많이 드나드는 항구를 중심으로 이식되어 그곳의 기존 생태계 작은 어류들에 피해를 주고 있는 것으로 알려져있다.

풀망둑. 문절망둑과 달리 꼬리지느러미에 무늬가 없다.

*밸러스트 워터(ballast water)

밸러스트(ballast)란 선박이 파도에 흔들렸다가도 원 상태로 균형을 유지할 수 있도록 배 아래에 싣는 물건을 말한다. 따라서 밸러스트 워터란 선박의 균형과 안정을 유지하기 위해 배의 바닥에 싣는 물이며, 이것을 바닷물로 채우기 때문에 멀리 떨어진 지역까지 어류가 이동하는 원인이 된다.
문절망둑이 해외로 흘러드는 것은 작은 예에 불과하고, 우리나라에도 배를 타고 각종 해양 생물의 외래종들이 수없이 들어온다. 이것은 각 해역 생태계를 교란시켜 위협이 되고 있어, 2004년에는 국제해사기구 총회에서 밸러스트 워터에 대한 국제협약이 체결됐다.

문절망둑

농어목 | 망둑어과
몸길이 : 25cm

문절망둑의 서식지인 경기도 안산시 대부도

풀망둑　　　닮은꼴 물고기

풀망둑　368

| 농어목 | 망둑어과 | ***Acanthogobius lactipes*** (HILGENDORF, 1879) | | 흰발망둑 |
| 몸길이 : 7~10cm | | **White limbed goby** | 방언 : 흰발망둥어 | |

| 산란 습성 | 돌이나 조개의 껍질에 알을 낳고 알은 수컷이 지킨다. |
| 산란 시기 | 1 2 3 4 ⑤ ⑥ ⑦ ⑧ ⑨ 10 11 12 |

- 형태 : 몸은 원통형인데, 앞쪽은 둥글고 뒤쪽은 옆으로 납작하다. 머리는 둥글고 입은 크며 위턱이 약간 길다. 뺨은 도톰하고 눈은 머리의 위쪽으로 튀어나왔다. 수컷이 암컷보다 작다. 산란기에 수컷은 제1등지느러미 기조가 실 모양으로 길어지고 제2등지느러미와 뒷지느러미 끝 부분도 길어진다.
- 색깔 : 전체적으로 황갈색이고 온몸에는 짙은 갈색과 흰색 반점이 섞여있다. 등에서 배로 이어지는 흰 줄무늬가 10~14개 있다. 꼬리지느러미 시작 부분에는 검은 점이 있으며, 흡반을 형성하고 있는 배지느러미는 성장하면 검은색으로 변한다.
- 생활 : 갯벌의 웅덩이나 모래와 자갈이 깔린 강 하구에 주로 살지만 하천의 중하류에도 산다.
- 식성 : 잡식성으로 작은 갑각류, 갯지렁이 따위를 먹고 산다.
- 분포 : 전국 연안의 기수역과 하천 중하류에 서식하고, 일본과 중국, 연해주에 분포한다.

흰발망둑

농어목 | 망둑어과
몸길이 : 7~10cm

흰발망둑 머리 옆모습(왼쪽)과 꼬리지느러미를 펼치고 있는 모습(오른쪽)

흰발망둑은 수컷이 암컷에 비해 몸이 작으며 체형이 매끈하고 제1등지느러미의 가시가 길다. 하천에서 부화한 후 바다로 이동하지만 일생을 하천에서만 사는 것도 있다. 흰발망둑은 염분의 농도 차이에 그다지 큰 영향을 받지 않는다.

흰발망둑 암컷

어린 흰발망둑

| 농어목 l 망둑어과 |
| 몸길이 : 7~10cm |

흰발망둑

흰발망둑의 서식지인 강원도 고성군 죽왕면

닮은꼴 물고기 갈문망둑, 문절망둑

갈문망둑 371

문절망둑 362

풀망둑

Synechogobius hasta (Temminck and Schlegel, 1845)
Javelin goby

방언 : 큰망둥어, 망둥어

농어목 | 망둑어과
몸길이 : 30~50cm

산란 습성	갯벌에 Y자 모양으로 구멍을 파고 산란, 수컷이 알을 지킨다
산란 시기	1 2 3 ④ ⑤ 6 7 8 9 10 11 12

- **형태** : 다 자란 성어는 몸이 매우 길며 앞쪽은 둥글고 뒤로 갈수록 홀쭉하다. 머리는 크고 주둥이가 뾰족하다. 입술은 두텁고 위턱이 길다. 눈은 작고 머리 위쪽으로 튀어나와있다. 배지느러미에 흡반이 형성되어 있다.
- **색깔** : 전체적으로 옅은 갈색이고 배는 흰색이다. 등과 몸 가운데 반점이 있지만 성장하면서 희미해진다. 뒷지느러미와 꼬리지느러미의 둘레는 흰색이다.
- **생활** : 바닷물과 만나는 강 하구나 하류의 갯벌에서 주로 산다. 가을이 되면 갯벌 속에 구멍을 파고 지내며 이곳에서 월동한 후 봄철에 산란하고 어미는 죽는다.
- **식성** : 게, 소형어류, 새우류, 갯지렁이 들을 먹고 산다.
- **분포** : 주로 서해와 남해 서부에 분포한다. 중국과 일본의 일부 지역, 그리고 대만과 인도네시아에도 분포한다.

| 농어목 I 망둑어과 | 풀망둑 |
| 몸길이 : 30~50cm | |

풀망둑의 머리 옆모습

풀망둑

　남해 동부와 동해안에 주로 분포하는 문절망둑과 비슷하지만 제2등지느러미 연조 수(문절망둑은 12~14개, 풀망둑은 18~20개)에서 차이가 나며, 다 자라면 문절망둑보다 몸이 홀쭉해진다. 망둑어과 물고기 가운데 체구가 가장 크며 식용으로 쓰인다. 갯가에서 간단한 낚시 도구를 이용해 낚을 수 있다. 1년생으로 봄철에 산란하면 죽는다고 알려져있지만, 산란하지 않은 개체들은 2년 이상 살기도 한다.

문절망둑

○●● 물고기가 내는 소리

물고기는 몸의 일부 기관을 서로 문지르거나 진동시켜서 특유의 소리를 내는데, 이로써 세력권을 알리거나 서로 교신을 한다. 민물고기 중에 동자개과에 속하는 동자개는 아가미 뒤의 관절을 마찰시켜 소리를 내기도 하고, 망둑어과 물고기인 검정망둑은 산란기 때 암컷을 유인하기 위해 입으로 소리를 내기도 한다. 또한 미꾸리과 물고기들도 입으로 짧고 날카로운 소리를 내며, 이 밖에 부레, 목구멍, 그리고 이빨로 소리를 냄으로써 서로 의사를 전달하는 물고기도 많이 있다.

풀망둑

농어목 | 망둑어과
몸길이 : 30~50cm

풀망둑의 서식지인 서울시 한강 밤섬

문절망둑, 흰발망둑   닮은꼴 물고기

문절망둑 362

흰발망둑 365

농어목	망둑어과	***Rhinogobius giurinus*** (RUTTER, 1897)	
몸길이 : 7~9cm		Paradise goby	방언 : 경기매지

갈문망둑

산란 습성	돌 밑에 알을 낳고 수컷이 알을 보호한다.
산란 시기	1 2 3 4 5 6 ⑦ ⑧ ⑨ 10 11 12 (여름철)

- **형태** | 망둑어과 물고기 중에 몸이 통통한 편이다. 앞쪽은 둥글고 뒤쪽으로 가면서 옆으로 납작하고 홀쭉해진다. 주둥이는 뾰족하고 입술이 두꺼우며 위턱이 길다. 눈은 머리 위로 튀어나왔다. 가슴지느러미가 붙어서 형성된 흡반은 잘 발달되어있다.
- **색깔** | 몸은 옅은 갈색이고 등과 몸 중간에는 진갈색과 흰 반점이 섞여있다. 등지느러미와 꼬리지느러미에는 줄무늬가 있다. 아가미 뒤 위쪽에 눈동자 크기만 한 까만 반점이 있다. 꼬리지느러미 위쪽으로 3분의 2는 담갈색 무늬가 7~8개 있다. 산란기 수컷은 몸색이 화려해진다.
- **생활** | 물 흐름이 느리고 바닥에 자갈이 깔린 하천 하류나 기수역*, 또는 호수나 저수지에서 살고 하류에서도 비교적 염분 농도가 낮은 수역에서 생활한다.
- **식성** | 주로 수서곤충이나 부착 조류, 작은 동물을 먹고 산다.
- **분포** | 우리나라 전역의 하류와 저수지에 서식한다. 중국, 일본에도 분포한다.

갈문망둑

농어목 l 망둑어과
몸길이 : 7~9cm

밀어의 머리 앞모습

갈문망둑의 머리 앞모습

갈문망둑의 머리 옆모습

　갈문망둑은 밀어와 아주 닮아 혼동하기 쉽다. 체형으로 보면 밀어가 좀 더 날렵하다. 갈문망둑의 뺨에는 경사진 줄무늬가 여럿 있고, 밀어는 뺨에서 주둥이 끝으로 V자 모양으로 줄무늬가 있어 구분할 수 있다. 밀어와 같은 환경에 서식하기도 하지만, 갈문망둑은 물 흐름이 거의 없는 곳에서 주로 산다. 제주도 천지동에 있는 천지연 폭포 아래에는 산란기에 비교적 큰 개체들이 많이 서식한다.

갈문망둑

밀어

농어목	망둑어과
몸길이 : 7~9cm	

갈문망둑

갈문망둑의 서식지인 경기도 시흥

닮은꼴 물고기 밀어, 문절망둑, 흰발망둑

밀어 374

문절망둑 362

흰발망둑 365

| 밀어 | *Rhinogobius brunneus* (TEMMINCK and SCHLEGEL, 1845)
Common freshwater goby 방언 : 퉁거니 | 농어목 | 망둑어과
몸길이 : 6~8cm |

| 산란 습성 | 돌 밑에 알을 낳고 수컷이 알을 보호한다. |
| 산란 시기 | 1 2 3 4 ⑤ ⑥ ⑦ 8 9 10 11 12 |

- **형태** | 몸통이 둥글고 뒤쪽으로 갈수록 옆으로 납작하다. 주둥이는 뾰족하며 입술이 두껍고 위턱이 길다. 머리는 갈문망둑보다 약간 더 납작하다. 눈은 머리 위로 튀어나와있다. 배지느러미 흡반은 둥글다. 수컷의 제1등지느러미 첫 번째 기조는 길다.
- **색깔** | 전체적으로 연갈색 또는 연보라색이고 등과 몸 중간에는 짙고 옅은 갈색 반점이 섞여있으나, 몸색의 변화가 심하여 일본에서는 8개, 대만에서는 3개 형(type)으로 구분하기도 한다. 눈 밑에는 V자 줄무늬가 선명하고, 등지느러미와 꼬리지느러미 둘레에는 흰색 띠가 있다.
- **생활** | 하천 중하류에 고르게 퍼져 산다. 텃세가 심한 수컷은 산란기에 산란장을 만들기 위하여 돌이나 작은 자갈 하나에도 서로 경쟁하며 다툰다.
- **식성** | 주로 수서곤충이나 부착 조류, 물벼룩, 작은 동물을 먹고 산다.
- **분포** | 제주도를 포함한 전국 수역과 중국, 일본, 대만에 분포한다.

농어목	망둑어과
몸길이 : 6~8cm	

밀어

밀어의 머리 앞모습(왼쪽)과 옆모습(오른쪽)

밀어의 배지느러미 흡반

밀어는 비슷한 물고기인 갈문망둑보다 머리가 조금 더 납작하고 주둥이에서 양쪽 눈으로 V자 모양 줄무늬가 이어져있는 것이 특징이다. 어류는 산란기에 대부분 산란장을 중심으로 세력권을 형성하지만 밀어는 수시로 세력권 다툼을 벌이는데, 침입한 상대를 향해 입을 크게 벌려 위협하는 행동을 하다가 물러나지 않으면 공격을 가한다. 우리나라에 서식하는 밀어는 세 가지 형으로 분류하기도 하며 분류학적 검토가 요구된다. 울릉도에 유일하게 자연 분포하는 민물고기이다.

서로 다른 유형인 밀어(위와 아래쪽). 우리나라에 세 가지 형이 존재하는 것으로 알려져 있어 연구가 필요하다.

밀어

농어목 | 망둑어과
몸길이 : 6~8cm

밀어의 서식지인 전라북도 부안군 상서면

갈문망둑   닮은꼴 물고기

갈문망둑   371

| 농어목 | 망둑어과 |
| 몸길이 : 10cm |

Tridentiger bifasciatus STEINDACHNER, 1881

방언 : 줄무늬매지

민물두줄망둑

| 산란 습성 | 돌 밑에 알을 낳고 수컷이 알을 보호한다.
| 산란 시기 | 1 2 3 ④ ⑤ ⑥ ⑦ ⑧ 9 10 11 12

- | 형태 | 몸이 통통하며 뒤쪽은 옆으로 조금 납작하다. 주둥이는 뭉툭하며 위턱이 길다. 이마는 평평하고 눈은 작고 머리 위쪽에 있다. 산란기에는 제1등지느러미가 커진다.
- | 색깔 | 전체적으로 옅은 갈색이고 등 쪽과 몸의 중간에는 짙은 갈색 줄무늬가 2개 있다. 아가미와 턱 아래 흰색 작은 반점들이 흩어져있다. 제2등지느러미와 뒷지느러미 둘레에는 노란색 띠가 있다. 산란기에 수컷은 온몸이 검은색으로 변한다.
- | 생활 | 갯벌의 웅덩이, 강 하구의 기수역과 담수역에 고루 사는데, 주로 돌 밑에 숨어 지낸다. 다른 망둑어과 물고기와 마찬가지로 텃세가 심하다.
- | 식성 | 주로 작은 갑각류, 갯지렁이 들을 먹고 산다.
- | 분포 | 우리나라 전역의 강 하구 기수와 담수에 분포한다. 중국과 일본 전역에도 분포한다.

민물두줄망둑

농어목 | 망둑어과
몸길이 : 10cm

민물두줄망둑 머리 옆모습

민물두줄망둑은 주로 바닷가 연안의 조수 웅덩이에 사는 두줄망둑(*Tridentiger trigonocephalus*)보다 민물에 잘 적응하여 산다. 또한 민물두줄망둑은 가슴지느러미와 머리, 배에 흰 반점들이 흩어져있고 뒷지느러미 무늬나 머리의 감각기관에서 차이점이 뚜렷하여, 확인한 결과 일본에서 기록된 민물두줄망둑(*Tridentiger bifasciatus*)과 동일한 종으로 밝혀졌다.

민물두줄망둑의 세력권 다툼. 다른 민물두줄망둑이 접근하자 쫓아내고 있다.

농어목	망둑어과
몸길이 : 10cm	

민물두줄망둑

민물두줄망둑의 서식지인 경기도 파주시 교하읍

닮은꼴 물고기 두줄망둑, 검정망둑, 민물검정망둑

검정망둑 380

민물검정망둑 383

| 검정망둑 | ***Tridentiger obscurus*** (Temminck and Schlegel, 1845)
Dusky trident goby 방언 : 매지, 뚝지 | 농어목 l 망둑어과
몸길이 : 8~10cm |

산란 습성	돌 밑에 알을 낳고 수컷이 알을 보호한다.
산란 시기	1 2 3 4 ⑤ ⑥ ⑦ ⑧ ⑨ 10 11 12

- | 형태 | 몸 앞쪽은 비대하고 뒤쪽은 옆으로 약간 납작하다. 주둥이는 뭉툭하며 입술이 두껍고 위 아래 턱 길이는 같다. 머리는 크고 뺨이 불룩하게 나왔다. 이마는 평평하다. 눈은 작고 머리 위로 약간 튀어나왔다. 수컷의 제1등지느러미는 길게 뻗어있고 특히 2, 3번 기조가 긴데, 산란기에는 이것이 더 길어진다.
- | 색깔 | 온몸이 어두운 갈색이고 머리와 몸에는 흰색 반점이 많이 있다. 가슴지느러미 시작 부분에 누런색 띠가 있다. 산란기에 수컷은 완전히 검은색으로 변한다.
- | 생활 | 하천 하구에 있는 바위, 돌, 방파제에 산다.
- | 식성 | 잡식성으로 조류나 작은 물고기, 무척추동물을 먹고 산다.
- | 분포 | 전국의 강 하구, 염분 농도의 영향에 있는 곳과 해안에 분포한다. 중국, 일본에도 서식한다.

| 농어목 | 망둑어과
| 몸길이 : 8~10cm

검정망둑

검정망둑의 머리 옆모습(왼쪽)과 머리 앞 모습(오른쪽)

검정망둑은 민물검정망둑과 몸 색깔이나 모양이 비슷하지만 민물검정망둑보다 머리가 더 크고 뺨에 난 흰색 반점이 더 작으며 크기가 거의 일정한 것이 차이점이다. 동일한 수계에 두 종이 함께 분포할 경우 하구에서 가까운 곳에는 검정망둑이 위쪽은 민물검정망둑이 산다.

산란기에 검정망둑 수컷은 돌 밑에 산란장을 만들고 소리를 내며 지느러미를 펴고 춤을 추듯이 좌우로 몸을 흔들어 구애 행동을 한다. 수컷이 알을 지키며 자기 세력권에 침입하는 다른 물고기들을 쫓아내는 습성이 있다.

검정망둑의 뺨에 난 흰색 반점. 검정망둑의 반점은 크기가 일정하다.

민물검정망둑

검정망둑

농어목 | 망둑어과
몸길이 : 8~10cm

검정망둑의 서식지인 전라북도 고창군 심원면

민물검정망둑, 민물두줄망둑　　　닮은꼴 물고기

민물검정망둑　383

민물두줄망둑　377

| 농어목 | 망둑어과 | ***Tridentiger brevispinis*** Katsuyama, Arai and Nakamura, 1972 | **민물검정망둑** |
| 몸길이 : 10~15cm | **Triden goby** | |

| 산란 습성 | 돌 밑에 알을 낳고 수컷이 알을 보호한다. |
| 산란 시기 | 1 2 3 4 ⑤ ⑥ ⑦ 8 9 10 11 12 |

- **형태** | 몸은 뭉툭하고 둥글며 뒤쪽으로 갈수록 옆으로 납작하다. 주둥이도 뭉툭하며 입술이 두껍고 위아래 턱 길이는 같다. 머리는 검정망둑보다 작고 뺨이 불룩하다. 눈은 작고 머리 위로 약간 튀어나왔다. 산란기에 수컷은 제1등지느러미가 길게 확장되지만 가장 긴 세 번째 기조가 제2등지느러미 시작 부분을 넘지 않는다.
- **색깔** | 온몸이 어두운 갈색이며 머리에는 흰색 또는 청색을 띤 흰 반점이 많다. 몸 뒤쪽에는 밝은 점으로 이루어진 가로 줄무늬가 있다. 가슴지느러미 시작 부분에는 황백색의 띠가 있다.
- **생활** | 바닥에 자갈이나 돌이 많이 깔린 하천의 중하류, 저수지, 대형 호수에까지 널리 살며 돌 밑을 근거지로 생활하고 산란한다.
- **식성** | 잡식성으로 부착 조류나 저서생물, 작은 물고기 들을 먹고 산다.
- **분포** | 우리나라 전역 하천의 중하류에 널리 분포한다. 일본에도 분포한다.

민물검정망둑

농어목 | 망둑어과
몸길이 : 10~15cm

민물검정망둑 머리 앞모습

민물검정망둑이 등지느러미를 접은 모습

　민물검정망둑은 검정망둑보다 머리가 작고 뺨에 있는 흰색 반점의 크기가 불규칙하다. 수컷의 제1등지느러미 기조의 길이는 검정망둑보다 짧다. 산란행동은 검정망둑과 비슷하다. 자기 영역을 침범하는 다른 물고기들을 쫓아내는 습성이 있다.
　최근 내륙에 위치한 대형 하천이나 소양호, 대청호, 팔당호 같은 호수, 그리고 저수지에서 많은 수가 발견되고 있다.

민물검정망둑 뺨에 난 흰색 반점

검정망둑 뺨에 난 흰색 반점

| 농어목 | 망둑어과 |
| 몸길이 : 10~15cm |

민물검정망둑

민물검정망둑의 서식지인 강원도 고성군 간성읍

닮은꼴 물고기 검정망둑, 민물두줄망둑

검정망둑 380

민물두줄망둑 377

| 모치망둑 | ***Mugilogobius abei*** (Jordan and Snyder, 1901)
Estuarine goby | 농어목 | 망둑어과
몸길이 : 5cm |

| 산란 습성 | 암컷이 죽은 조개의 껍질 안쪽에 산란하고 수컷이 지킨다. |
| 산란 시기 | 1 2 3 4 5 ⑥ ⑦ ⑧ 9 10 11 12 |

| 형태 | 몸이 작고 머리와 가슴은 둥글고 뒤쪽은 옆으로 납작하다. 주둥이는 둥글고 아래위 턱의 길이가 같다. 눈은 머리 앞쪽에 있고 양쪽 눈 사이는 거리가 멀다. 제1등지느러미 2, 3번째 기조는 길다.
| 색깔 | 전체적으로 회갈색이며 배는 흰색이다. 등과 몸의 중간에는 짙은 갈색 반점이 섞여있고, 제2등지느러미 3분의 1 지점부터 꼬리지느러미 안쪽까지 두 줄의 짙은 갈색 띠가 이어진다. 꼬리지느러미 시작 부분 위에 까만 점이 있다.
| 생활 | 강 하구의 모래와 진흙 바닥에 살며 저서생물이 파놓은 구멍을 좋아한다.
| 식성 | 동물성 플랑크톤이나 유기물을 먹고 산다.
| 분포 | 서해안과 남해안의 기수역에 분포한다. 중국, 대만, 일본에도 분포한다.

농어목	망둑어과
몸길이 : 5cm	

모치망둑

모치망둑의 머리 앞모습(왼쪽)과 옆모습
(오른쪽)

모치망둑은 밀물과 썰물에 의해 염분에 영향을 받는 하류와 하구에 주로 서식하는데, 최근 강 하구가 오염되고 주변 지역이 많이 개발되는 바람에 차츰 개체수가 줄어들고 있어서 보호가 필요한 종이다. 크기가 작고 모양이 아름답다.

모치망둑

어린 모치망둑

모치망둑	농어목	망둑어과
	몸길이 : 5cm

모치망둑의 서식지인 전라북도 고창군 심원면

밀어, 꾹저구　　　닮은꼴 물고기

밀어　374

꾹저구　359

| 농어목 | 망둑어과 | ***Periophthalmus modestus*** Cantor, 1842 | 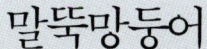 |
| 몸길이 : 6~10cm | | **Dusky mud hopper** 방언 : 짱둥이 | |

| 산란 습성 | 조간대* 갯벌에 수컷이 굴을 파고 알을 지킨다. |
| 산란 시기 | 1 2 3 4 ⑤ ⑥ ⑦ ⑧ 9 10 11 12 |

- **형태** 몸이 길며 뒤쪽은 옆으로 약간 납작하다. 주둥이는 각이 졌고 머리가 높다. 눈은 머리 위로 완전히 돌출되어있고 양쪽 눈이 따로 움직인다. 가슴지느러미 안쪽은 육질로, 바깥쪽은 단단한 기조막으로 되어있다. 배지느러미에 흡반이 있으나 작고 육질이 발달되어있다.
- **색깔** 전체적으로 흑갈색인데 배 쪽은 옅다. 몸과 뺨에는 작은 검은색 반점이 흩어져있다. 제2등지느러미는 연한 회색에 흑색 띠가 있다.
- **생활** 강 하구나 만(灣) 안쪽, 기수역, 바닷가 연안 갯벌에 산다. 가슴지느러미와 꼬리지느러미를 이용해 물 밖으로 나와 장시간 뛰어다닌다. 겨울철에는 구멍을 파고 굴속에서 지내고, 나머지 기간은 굴을 중심으로 밖에서 생활하다 위험에 처하면 굴속으로 숨는다.
- **식성** 작은 갑각류나 곤충, 갯벌에 사는 규조류 등을 먹고 산다.
- **분포** 서해와 남해 연안에 서식하고, 일본, 중국, 오스트레일리아, 인도, 홍해에 널리 분포한다.

말뚝망둥어

농어목 | 망둑어과
몸길이 : 6~10cm

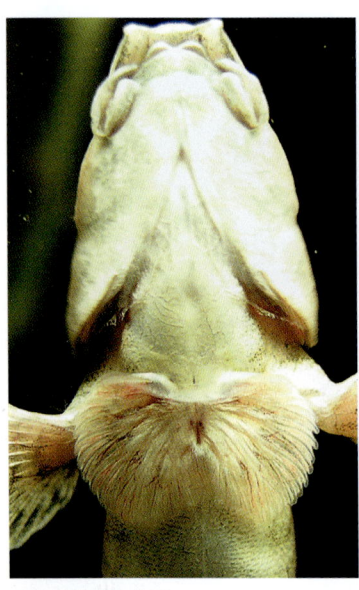

말뚝망둥어의 흡반

물속(왼쪽)에 있을 때와 물밖(오른쪽)에 나왔을 때 말뚝망둥어의 가슴지느러미. 물 밖에서는 이것을 팔처럼 이용한다.

말뚝망둥어는 우리나라 고유종인 큰볏말뚝망둥어보다 체구가 작고, 제1등지느러미도 매우 작다. 주로 서해로 흐르는 하천의 하구나 연안에 많이 사는데 강화와 군산, 부안 등 일부 지역에서는 큰볏말뚝망둥어와 같은 장소에 살지만, 서식 장소가 미세하게 분리되고 있다.

물속(왼쪽)에 있을 때와 물밖(오른쪽)에 나왔을 때 입 모양

*조간대(潮間帶, littoral zone)
바다와 육지 사이에 중간적 특징을 보이는 곳으로 다양한 생물이 서식한다. 밀물 때는 물속에 위치하고 썰물 때는 육지가 되는 곳이다. 간조시와 만조시 차이 만큼 뭍으로 드러나고, 우리나라 서해안은 주로 이곳에 갯벌이 발달되어 있다.

물 밖에 나온 말뚝망둥어가 눈을 뜨고 있는 모습(왼쪽)과 감고 있는 모습(오른쪽)

농어목	망둑어과
몸길이 : 6~10cm	

말뚝망둥어

말뚝망둥어

갯벌에서 활동하는 말뚝망둥어

말뚝망둥어

| 농어목 | 망둑어과 |
| 몸길이 : 10cm |

말뚝망둥어의 서식지인 전라북도 고창군

큰볏말뚝망둥어, 짱뚱어

닮은꼴 물고기

큰볏말뚝망둥어　393

농어목	망둑어과	*Periophthalmus magnuspinnatus* Lee, Choi and Ryu, 1995	방언 : 짱뚱이	큰볏말뚝망둥어
몸길이 : 8~12cm		Mud hopper		

산란 습성	산란 습성은 말뚝망둥어와 비슷하다고 추정하고 있다.	*대한민국 고유종
산란 시기	1 2 3 4 ⑤ ⑥ ⑦ ⑧ 9 10 11 12	

- **형태** 몸이 길며 뒤쪽은 옆으로 납작하다. 주둥이는 각이 졌으며 머리가 높다. 눈은 머리 위로 완전히 돌출되어있고 양쪽이 따로 움직인다. 가슴지느러미 안쪽은 육질로, 바깥쪽은 단단한 기조막으로 형성되어있다. 제1등지느러미는 매우 크고 극조는 꺾여있다.
- **색깔** 전체적으로 흑갈색이고 배 쪽은 옅다. 몸에는 검은색 작은 반점이 뺨에는 흰색 반점이 흩어져있다. 제1, 2등지느러미에는 검은색과 흰색의 띠가 있고 제2등지느러미와 꼬리지느러미에는 누런색 무늬가 있다.
- **생활** 강 하구나 만 안쪽, 기수역, 바닷가 연안 갯벌에 구멍을 파고 산다. 만조 때는 높은 곳으로 기어오르기도 한다.
- **식성** 작은 갑각류나 곤충, 갯벌에 사는 규조류 등을 먹고 산다.
- **분포** 주로 서해와 남해로 흐르는 하천 하구나 연안에 분포한다.

큰볏말뚝망둥어

| 농어목 | 망둑어과 |
| 몸길이 : 8~12cm |

큰볏말뚝망둥어 머리 옆모습(왼쪽)과 앞모습(오른쪽)

 큰볏말뚝망둥어는 말뚝망둥어보다 체구가 크고 제1등지느러미가 크다. 머리는 마치 메뚜기처럼 생겼고 강한 이빨이 있다. 수륙양서어*로 물 밖에서도 호흡한다. 갯벌에 물이 빠지면 은신처인 구멍 주변으로 가슴지느러미를 이용하여 기어다니기도 하고 활발히 뛰기도 한다. 만조 때는 높은 곳으로 오르거나 물가로 나오기도 한다.

*수륙양서어(水陸兩棲魚)
물과 뭍의 서로 전혀 다른 조건에 적응하여 생활할 수 있는 물고기. 독특한 호흡기관을 지니고 있는 경우가 많다.

큰볏말뚝망둥어   입 모양과 배지느러미 흡반

농어목	망둑어과
몸길이 : 8~12cm	

큰볏말뚝망둥어

큰볏말뚝망둥어

큰볏말뚝망둥어

농어목 | 망둑어과
몸길이 : 8~12cm

큰볏말뚝망둥어의 서식지인 충청남도 보령시 대천동

말뚝망둥어, 짱뚱어   닮은꼴 물고기

말뚝망둥어 389

- 큰볏말뚝망둥어는 전 세계에서 대한민국에만 분포하는 고유종이다.

농어목	망둑어과	*Luciogobius guttatus* GILL, 1859		미끈망둑
몸길이 : 6~8cm		**Flat head goby**	방언 : 미끈망둥어	

산란 습성	작은 돌 밑에 알을 낳고 수컷이 알을 보호한다.
산란 시기	1 ❷ ❸ ❹ ❺ 6 7 8 9 10 11 12

- **형태** 몸통은 둥글고 뒤쪽으로 갈수록 옆으로 납작하다. 머리는 위아래로 납작하다. 입은 주둥이 앞에 있고 아래턱이 위턱보다 길다. 머리는 평평한데 가운데 골이 파여있다. 눈은 아주 작으며 양쪽 눈 사이는 거리가 멀다. 등지느러미와 뒷지느러미는 몸 뒤쪽으로 같은 위치에 있다. 배지느러미 흡반은 매우 작고, 등지느러미가 1개이다.
- **색깔** 전체적으로 황갈색이다. 온몸에 검은색과 흰색으로 작은 점이 빽빽하게 나있다.
- **생활** 돌이나 자갈이 깔린 하천의 하류 기수역이나 조간대에 있는 조수 웅덩이에 산다. 간조 때는 돌이나 자갈 밑에서 지낸다.
- **식성** 작은 무척추 동물이나 갑각류를 먹고 산다.
- **분포** 크고 작은 섬을 비롯해 전국 연안과 기수역에 분포한다. 일본과 중국에도 분포한다.

미끈망둑

농어목 | 망둑어과
몸길이 : 6～8cm

미끈망둑의 머리 앞모습(왼쪽)과 머리 옆모습(오른쪽)

미끈망둑은 겉모양이 미꾸리와 비슷하지만, 해수의 영향이 있는 강 하구에서만 서식한다. 간조일 때 섬 지역 소하천 하구의 조간대에 물이 조금이라도 있는 곳이라면 모두 미끈망둑을 볼 수 있다. 일부 섬 지역에서는 미꾸리와 혼동하기도 한다.

미끈망둑

미끈망둑

농어목	망둑어과
몸길이 : 6~8cm	

미끈망둑

미끈망둑의 서식지인 전라북도 고창군

닮은꼴 물고기　미꾸리, 사백어

미꾸리　192

사백어　400

사백어

Leucopsarion petersii Hilgendorf, 1880
Ice goby, Whitefish

방언 : 뱅어

농어목 | 망둑어과
몸길이 : 5cm

산란 습성	작은 돌 밑에 낳은 알을 수컷이 보호한다.
산란 시기	1 2 ③ ④ ⑤ 6 7 8 9 10 11 12

- **형태** | 몸이 가늘고 길며 옆으로 납작하다. 머리는 작고 위아래로 납작하다. 입이 크고 아래턱이 위턱보다 길다. 눈은 크며 양쪽 눈 사이가 멀다. 등지느러미와 뒷지느러미는 몸 뒤쪽에 있다. 흡반은 매우 작고, 등지느러미가 1개이다.
- **색깔** | 몸에 색소가 없고 반투명하여 부레가 밖에서도 보인다. 죽고 나면 흰색 또는 미색으로 변한다.
- **생활** | 강 하구나 연안의 웅덩이에 산다. 산란기인 봄철에 하천을 거슬러 올라간다. 산란이 끝나면 모두 죽는다.
- **식성** | 작은 갑각류나 동물성 플랑크톤을 먹고 산다.
- **분포** | 남해 동부로 흘러드는 경상남도 남해도 근처에 있는 하천 연안과 강 하구에 분포한다. 일본에도 분포하고 보호종으로 지정되어있다.

농어목	망둑어과		사백어
몸길이 : 5cm			

사백어의 머리 옆모습

사백어 수컷(위쪽)과 암컷(아래쪽)

  살아있을 때는 몸 안에 있는 골격과 부레가 보일 정도로 투명하지만 죽으면 온몸이 하얗게 변한다 해서 사백어(死白魚)라는 이름이 붙었다. 연안에 살면서 산란기에 하구로 몰려와 하천을 거슬러 올라가며 큰 돌 밑에 산란한다. 민물로 올라간 성어*는 아무것도 먹지 않는다. 암컷은 산란 후 죽고, 수컷은 알이 부화할 때까지 보호하다가 죽는다. 부화한 새끼들은 바다로 흘러가서 거머리말이 우거진 곳 등에서 중층을 헤엄치며 생활한다.

*성어(成魚)
다 자라서 산란 활동이 가능한 물고기.

죽은 후 몸색이 하얗게 변한 사백어

사백어

농어목 l 망둑어과
몸길이 : 5cm

사백어의 서식지인 부산광역시 기장군 일광면

미끈망둑, 뱅어   닮은꼴 물고기

미끈망둑 397

| 농어목 | 망둑어과 | ***Odontamblyopus lacepedii*** (Temminck and Schlegel, 1845) | 개소겡 |
| 몸길이 : 30~40cm | | **Green eel goby**　　　　방언 : 수수뱀 | |

| 산란 습성 | 갯벌에 구멍을 파고 산란하며 수컷이 지킨다. |
| 산란 시기 | 1　2　3　4　5　⑥　⑦　⑧　⑨　10　11　12 |

- **형태** | 몸은 긴데 앞쪽은 둥글고 뒤쪽은 옆으로 아주 얇다. 주둥이는 뭉툭하고 위턱과 아래턱 길이가 거의 같다. 아래턱 밑에는 세 쌍의 돌기가 있다. 입은 위쪽으로 열리며 이빨이 날카롭다. 눈이 아주 작아 점처럼 보이는데 머리 위쪽에 있다. 가슴지느러미 기조막은 아래 일부에만 있다.
- **색깔** | 몸색은 적청색을 띠고 배 쪽은 더 붉은색을 띤다. 특별한 무늬나 반점이 없이 등 쪽은 조금 진하고 배 쪽은 연하다.
- **생활** | 강 하구나 연안 갯벌에서 구멍을 파고 사는데, 만조 때 밖으로 나와 먹이를 잡는다.
- **식성** | 어릴 때는 동물성 플랑크톤을 먹고, 자라면 고동이나 조개류, 작은 물고기를 먹는다.
- **분포** | 서해로 흐르는 금강, 만경강, 영산강 하구와 연안에 분포한다. 중국, 일본, 인도에도 분포한다.

개소겡

농어목 | 망둑어과
몸길이 : 30~40cm

개소겡의 머리 앞모습(왼쪽)과 옆모습(오른쪽)

개소겡은 온몸이 붉은 청색을 띠고 눈이 거의 퇴화되어있다. 입 속에는 강한 송곳니가 있으며 매우 특이한 외형을 지니고 있다. 특히 40개가 넘는 등과 뒷지느러미 연조가 매우 넓게 위치하고 있다. 가슴지느러미의 대부분은 기조로만 되어있는데, 그 길이는 매우 길고 아래쪽 일부에만 기조막이 있다. 산란기인 여름철에 강 하구에서 주로 발견된다.

개소겡의 서식지인 전라북도 고창군 심원면

풀망둑, 빨갱이   닮은꼴 물고기

풀망둑 368

농어목	버들붕어과	*Macropodus ocellatus* CANTOR, 1842	
몸길이 : 7cm		Round tailed paradise fish	방언 : 꽃붕어, 적투어

버들붕어

| 산란 습성 | 수컷이 물 표면에 거품집을 만들어 암컷을 유인 산란한다. |
| 산란 시기 | 1 2 3 4 5 ⑥ ⑦ 8 9 10 11 12 |

| 형태 | 몸이 타원형이고 옆으로 아주 얇다. 주둥이는 뾰족하다. 입은 작고 주둥이 앞에 있으며 위쪽을 향해 있다. 아래턱이 약간 길다. 눈은 머리 앞쪽에 있다. 가슴지느러미와 뒷지느러미가 매우 길어 꼬리지느러미 중간에 닿거나 그것보다 길다.
| 색깔 | 전체적으로 황갈색이고 진갈색 호피 무늬가 있다. 아가미 뚜껑 위에는 파란 점이 있고 그 바깥쪽은 붉은색이다. 꼬리지느러미 뒤쪽은 붉은색이고 등지느러미와 뒷지느러미 둘레는 형광 코발트빛이 나타난다. 산란기에 수컷은 혼인색이 매우 화려하며 검은색으로 변한다.
| 생활 | 물 흐름이 느리거나 정체된 소하천, 늪, 농수로, 연못의 수초가 있는 곳에서 산다.
| 식성 | 어릴 때는 물벼룩 따위를 먹고, 자라면서 잡식성으로 주로 수서곤충의 애벌레를 먹고 산다.
| 분포 | 거의 전국에 분포하고 중국에도 분포한다. 일본에서는 1914년 우리나라로부터 이식한 후 지금은 널리 분포하지만 그 수가 줄어들고 있다.

버들붕어

농어목 | 버들붕어과
몸길이 : 7cm

버들붕어 머리 앞모습

버들붕어 머리 옆모습

버들붕어는 산란 행동이 특이하다. 수컷이 물 위로 입을 내밀어 점액질과 공기를 섞은 거품집(산란 둥지)을 만든 후 암컷을 그곳으로 유인한 다음 몸을 감싸 산란관이 거품집을 향하도록 뒤집어 산란을 도우며 동시에 방정을 한다. 암컷이 떠난 후 수컷은 산란 둥지에 남아서 알을 지킨다. 수컷들은 이 시기에 몸의 빛깔이 화려해지고 둥지느러미와 뒷지느러미가 커진다. 또한 암컷을 차지하기 위해 치열한 다툼을 벌이기 때문에 '적투어(fighting fish)'라고도 불린다.

수질오염으로 산소가 희박한 곳에서도 상새 기관이라는 별도의 호흡기관이 있어서 잘 생존한다.

버들붕어. 수컷끼리 세력권 다툼을 하고 있다.

농어목	버들붕어과
몸길이 : 7cm	

버들붕어

버들붕어의 서식지인 경기도 과천시

가물치

Channa argus (Cantor, 1842)
Snakehead

농어목 | 가물치과
몸길이 : 50~80cm

산란 습성	암컷과 수컷이 함께 물 위에 산란 둥지를 만들어 산란한다.
산란 시기	1 2 3 4 ⑤ ⑥ ⑦ ⑧ 9 10 11 12

- **형태** : 몸은 긴 원통형이다. 뒤쪽은 옆으로 얇다. 주둥이와 머리는 위아래로 납작하고 이빨은 송곳니 모양으로 발달되어있다. 입은 크고 아래턱이 길다. 머리는 크고 이마는 평평하다. 눈은 작고 머리 앞쪽으로 몰려있다. 등지느러미는 매우 길어 꼬리지느러미 시작 부분까지 이어진다.
- **색깔** : 전체적으로 황갈색이고 등 쪽은 회갈색, 배 쪽은 흰색 또는 노란색이다. 등과 몸통에는 마름모꼴로 암갈색 큰 무늬가 배열되어있다. 등지느러미와 가슴지느러미, 꼬리지느러미에는 암갈색 줄무늬가 세 줄로 나있다.
- **생활** : 물 흐름이 느리거나 없는 저수지, 늪, 연못, 호수에서 수심이 1m 안팎인 수초 지역에 산다.
- **식성** : 육식성으로 어릴 때는 물벼룩을, 자라서는 물고기·양서류·수서곤충을 먹고 공식도 한다.
- **분포** : 거의 전국에 분포한다. 중국과 일본은 우리나라에서 이식되었는데 일본에서는 고유종에 피해를 주는 것으로 알려져있다.

| 농어목 | 가물치과 |
| 몸길이 : 50~80cm |

가물치

가물치

가물치는 아가미 호흡과 함께 공기 호흡을 할 수 있어서 오염된 물에서도 살아남는다. 습기가 많거나 비가 오는 날이면 물 밖으로 나와 기어다니기도 한다.

산란기에는 암컷과 수컷이 공동으로 산란 둥지를 만드는데, 주변에 있는 수초 따위를 잘라서 직경 1m 정도로 물에 뜨는 원반형 둥지를 만들어 산란한다. 산란을 하고 나면 둥지 밑에서 암수가 함께 알 또는 알에서 갓 부화한 치어를 지킨다.

예로부터 가물치는 약용과 식용으로 두루 쓰여 양식 대상종으로 많이 이용되었다. 길이가 1m를 넘는 것들도 있고, 먹이가 없으면 서로 잡아먹는 공식도 한다.

가물치의 서식지인 경기도 화성시 마도면

복어목
Order Tetraodontiformes

참복과 　 복섬·황복

복어목	참복과	***Takifugu niphobles*** (JORDAN and SNYDER, 1901)	복섬
몸길이 : 15~20cm		**Grass puffer** 방언 : 복쟁이, 졸복아지	

산란 습성	민물이나 지하수가 흘러드는 연안에서 집단으로 산란한다.
산란 시기	1 2 3 4 ⑤ ⑥ ⑦ 8 9 10 11 12

- **형태** | 머리는 둥그렇고 뒤쪽으로 갈수록 좁아지며 꼬리 부분은 원통형이다. 눈은 머리 중간 위쪽에 있고, 주둥이는 뭉툭하다. 아래위 턱에는 강하고 납작한 이빨이 2개씩 있다. 등과 배쪽에 비늘에서 변한 가시가 있어 피부가 꺼칠하다. 배지느러미는 없다.
- **색깔** | 등쪽은 검은 녹색 바탕에 동공 크기보다 작은 흰색 반점이 흩어져있다. 배 쪽으로 갈수록 흰색을 띤다. 가슴지느러미 뒤쪽에 검은색 반점이 크게 나있다. 등지느러미와 뒷지느러미는 흰색이고, 꼬리지느러미와 가슴지느러미는 노란색을 띤다.
- **생활** | 연안에 주로 살지만 강 하구나 하류에도 서식한다. 모래 속에 잘 숨는다. 산란기에는 집단으로 생활하고 평상시에는 단독생활을 즐긴다. 위협을 느끼면 배를 부풀린다.
- **식성** | 어릴 때는 동물성 플랑크톤을 먹고, 자라면서 갑각류, 갯지렁이, 작은 어류를 먹는다.
- **분포** | 큰 강 하구와 하류를 비롯하여 전국 연안에 서식한다. 일본과 중국해에도 분포한다.

복섬

복어목 | 참복과
몸길이 : 15~20cm

복섬의 머리 앞모습(왼쪽)과 옆모습(오른쪽)

복어류는 주로 바다에 살지만, 복섬은 강 하구나 하류에 자주 출현한다. 황복과 형태가 아주 비슷하지만 황복은 배 쪽이 누런빛을 띠고 있어 구분할 수 있다. 복어류 중에 복섬은 크기가 작지만 강한 독이 있어서 주의가 필요하다. 생존력이 강하며 많은 무리가 모여 집단으로 산란하는 점이 특이하다.

복섬

복섬의 등에 난 무늬

복어목 l 참복과		복섬
몸길이 : 15~20cm		

복섬의 서식지인 강원도 양양군 양양읍

닮은꼴 물고기 황복

황복 414

| 황복 | ***Takifugu obscurus*** (ABE, 1949)
River puffer, Yellow puffer | 방언: 누렁태 | 복어목 l 참복과
몸길이 : 40cm |

산란 습성	자갈이 깔려있는 강 여울에서 집단 산란한다.
산란 시기	1 2 3 ④ ⑤ 6 7 8 9 10 11 12

- **형태** | 몸은 둥근 유선형인데, 앞쪽은 불룩하고 뭉툭하며 꼬리 부분으로 갈수록 좁아지면서 원통형이다. 배지느러미와 늑골이 없으며 배를 불룩하게 부풀릴 수 있다. 4개로 이루어진 이빨은 강하고 비늘에서 변한 작은 가시가 등과 배 쪽에 있다. 눈은 매우 작다.
- **색깔** | 전체적으로 황갈색이고, 주둥이부터 꼬리 부분까지 황색 무늬가 넓게 있다. 등 쪽은 갈색, 배 쪽은 흰색을 띤다. 어릴 때는 황색이 나타나지 않다가 커가면서 점차 황갈색으로 변한다. 등과 가슴지느러미 양쪽으로 검은색 반점이 있다.
- **생활** | 연안에서 생활하다가 이른 봄 강 여울까지 올라가 산란하며 치어는 가을까지 하구에 머문다.
- **식성** | 주로 새우나 게, 작은 물고기를 먹고 산다.
- **분포** | 우리나라 서해와 중국의 황해, 동중국해로 흐르는 하구와 연안에 분포한다.

복어목	참복과
몸길이 : 40cm	

황복

황복의 머리 앞모습(왼쪽)과 옆모습(오른쪽)

황복은 복섬과 형태가 비슷하지만 몸색과 무늬에서 차이가 있다. 최근 우리나라에서는 임진강과 한강 일부를 제외하고 발견되지 않고, 임진강과 한강에서도 겨우 대량 부화 기술이 개발되어 인공 양식이 이루어지고 있다. 양식된 어린 황복을 방류시킴으로써 하천 회유가 유지되고 있지만 자연 서식지가 제한되어 있고 이마저도 강물의 오염과 서식처 파괴, 무분별한 남획으로 산란 활동을 유지하기가 매우 어려운 실정이다. 황복의 먹이 활동을 조사한 결과 강 하구에 서식하는 어린 황복은 새우를 먹고 자라며 산란을 위해 강에 오른 성어들은 모두 참게만을 섭식하고 있었다.

황복

복섬

황복

복어목 | 참복과
몸길이 : 40cm

황복의 서식지인 서울시 한강

복섬　　　닮은꼴 물고기

복섬　411

형태별 찾아보기

1 ———

2 ———

3 ———

022 다묵장어

030 뱀장어

309 드렁허리

400 사백어

403 개소겡

034 잉어

037 이스라엘잉어

039 붕어

042 흰줄납줄개

046 한강납줄개

048 각시붕어

052 떡납줄갱이

055 납자루

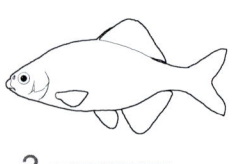
3 ―――

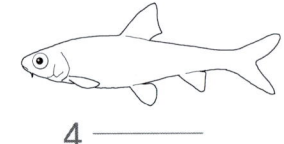
4 ―――

058
묵납자루

062
칼납자루

065
임실납자루

068
줄납자루

070
큰줄납자루

072
납지리

075
큰납지리

077
가시납지리

080
참붕어

082
돌고기

085
감돌고기

088
가는돌고기

091
쉬리

095
새미

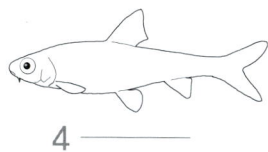

4

098 참중고기	112 점몰개	128 왜매치
101 중고기	114 누치	131 꾸구리
104 줄몰개	116 참마자	134 돌상어
106 긴몰개	118 어름치	137 흰수마자
108 몰개	122 모래무지	140 돌마자
110 참몰개	125 버들매치	143 됭경모치

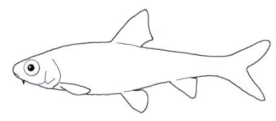

4 ───

146
배가사리

163
왜몰개

180
치리

149
황어

165
갈겨니

271
빙어

151
연준모치

168
참갈겨니

274
은어

154
버들치

171
피라미

289
가숭어

157
버들개

174
끄리

292
송사리

160
금강모치

177
눈불개

295
대륙송사리

5

183 종개	201 얼룩새코미꾸리	219 동방종개
186 대륙종개	204 참종개	222 기름종개
189 쌀미꾸리	207 부안종개	225 점줄종개
192 미꾸리	210 미호종개	228 줄종개
195 미꾸라지	213 왕종개	231 북방종개
198 새코미꾸리	216 남방종개	234 수수미꾸리

5

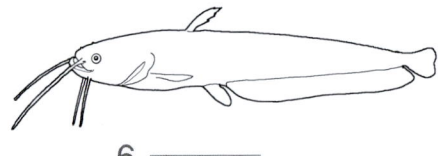

6

237
좀수수치

241
동자개

258
미유기

397
미끈망둑

244
눈동자개

261
자가사리

247
꼬치동자개

264
퉁가리

250
대농갱이

267
퉁사리

253
종어

408
가물치

255
메기

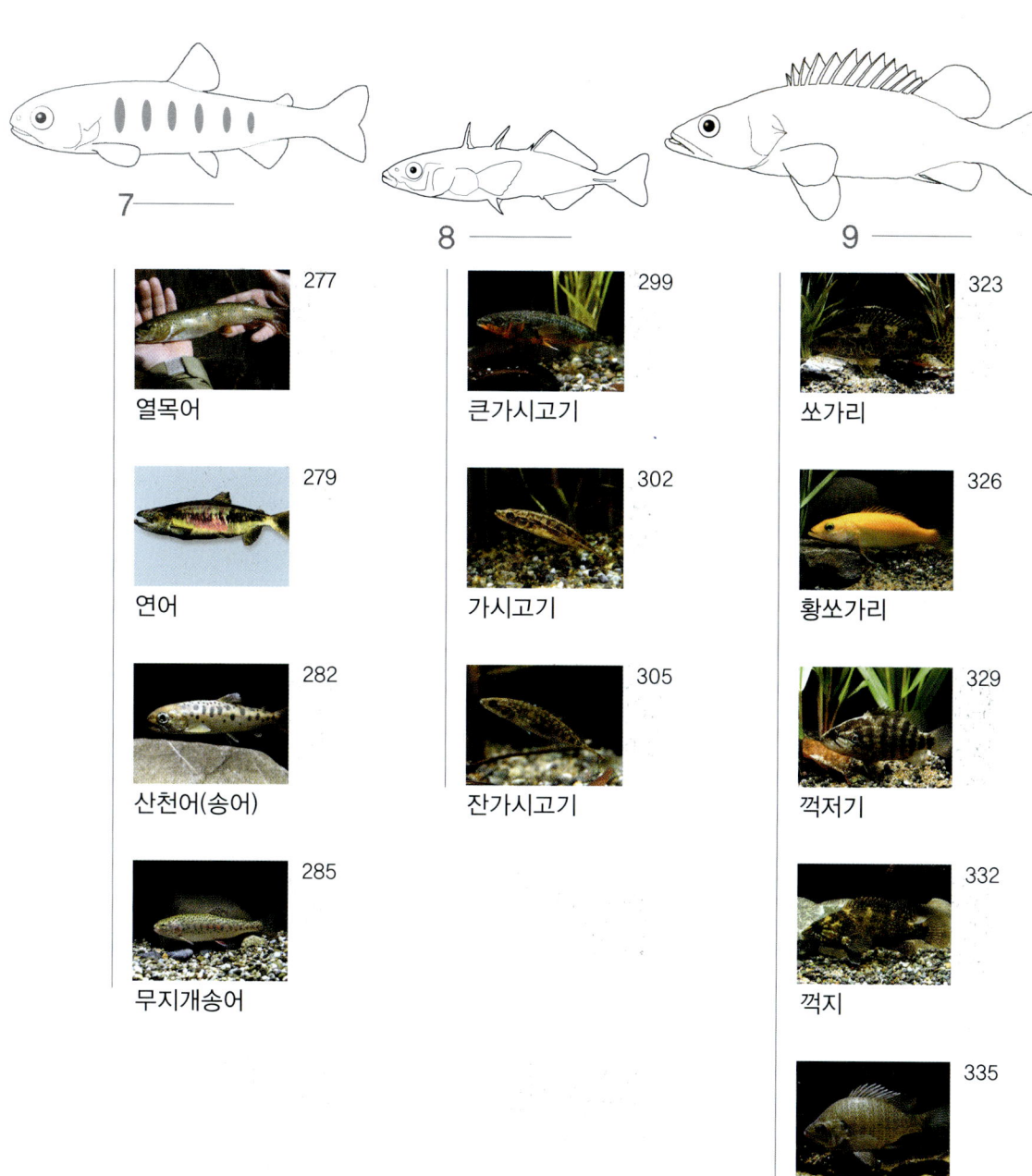

7

8

9

277 열목어

279 연어

282 산천어(송어)

285 무지개송어

299 큰가시고기

302 가시고기

305 잔가시고기

323 쏘가리

326 황쏘가리

329 꺽저기

332 꺽지

335 블루길

337 배스

11

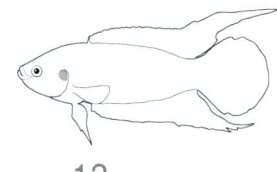
12

 380
검정망둑

 316
한둑중개

 405
버들붕어

 383
민물검정망둑

 319
꺽정이

13

 386
모치망둑

 411
복섬

 389
말뚝망둥어

 414
황복

 393
큰볏말뚝망둥어

 313
둑중개

425

학명 찾아보기

A

Aphyocypris chinensis   163
Abbottina rivularis   125
Abbottina springeri   128
Acanthogobius flavimanus   362
Acanthogobius lactipes   365
Acanthorhodeus gracilis   077
Acanthorhodeus macropterus   075
Acheilognathus koreensis   062
Acheilognathus lanceolatus   055
Acheilognathus majusculus   070
Acheilognathus rhombeus   072
Acheilognathus signifer   058
Acheilognathus somjinensis   065
Acheilognathus yamatsutae   068
Acipenser sinensis   026
Anguilla japonica   030

B

Brachymystax lenok tsinlingensis   277

C

Carassius auratus   039
Chaenogobius castaneus   356
Chaenogobius urotaenia   359
Channa argus   408
Chelon haematocheilus   289
Cobitis hankugensis   222
Cobitis lutheri   225
Cobitis pacifica   231
Cobitis tetralineata   228
Coreoleuciscus splendidus   091
Coreoperca herzi   332
Coreoperca kawamebari   329
Cottus hangiongensis   316
Cottus koreanus   313
Cyprinus carpio   34, 37

D

Gasterosteus aculeatus   299
Gnathopogon strigatus   104
Gobiobotia brevibarba   134
Gobiobotia macrocephala   131
Gobiobotia nakdongensis   137

H

Hemibarbus labeo   114
Hemibarbus longirostris   116
Hemibarbus mylodon   118
Hemiculter eigenmanni   180
Hypomesus nipponensis   271

I

Iksookimia choii 210
Iksookimia hugowolfeldi 216
Iksookimia koreensis 204
Iksookimia longicorpus 213
Iksookimia pumila 207
Iksookimia yongdokensis 219

K

Kichulchoia brevifasciatas 237
Koreocobitis naktongensis 201
Koreocobitis rotundicaudata 198

L

Ladislabia taczanowskii 095
Lefua costata 189
Leiocassis longirostris 253
Leiocassis ussuriensis 250
Lepomis macrochirus 335
Lethenteron reissneri 022
Leucopsarion petersii 400
Liobagrus andersoni 264
Liobagrus mediadiposalis 261
Liobagrus obesus 267
Luciogobius guttatus 397

M

Macropodus ocellatus 405
Micropercops swinhonis 353
Microphysogobio jeoni 143
Microphysogobio longidorsalis 146
Microphysogobio yaluensis 140
Micropterus salmoides 337
Misgurnus anguillicaudatus 192

Misgurnus mizolepis 195
Monopterus albus 309
Mugilogobius abei 386

N

Niwaella multifasciata 234

O

Odontamblyopus lacepedii 403
Odontobutis interrupta 347
Odontobutis obscura 350
Odontobutis platycephala 344
Onchorhynchus mykiss 285
Oncorhynchus keta 279
Oncorhynchus masou masou 282
Opsariichthys uncirostris amurensis 174
Oreochromis niloticus 339
Orthrias nudus 186
Orthrias toni 183
Oryzias latipes 292
Oryzias sinensis 295

P

Periophthalmus magnuspinnatus 393
Periophthalmus modestus 389
Phoxinus phoxinus 151
Plecoglossus altivelis 274
Pseudobagrus brevicorpus 247
Pseudobagrus fulvidraco 241
Pseudobagrus koreanus 244
Pseudogobio esocinus 122
Pseudopungtungia nigra 085
Pseudopungtungia tenuicorpa 088
Pseudorasbora parva 080

Pungitius kaibarae	305	*Tridentiger bifasciatus*	377
Pungitius sinensis	302	*Tridentiger brevispinis*	383
Pungtungia herzi	082	*Tridentiger obscurus*	380

R

Repomucenus olidus   341
Rhinogobius brunneus   374
Rhinogobius giurinus   371
Rhodeus notatus   052
Rhodeus ocellatus   042
Rhodeus pseudosericeus   046
Rhodeus uyekii   048
Rhynchocypris kumgangensis   160
Rhynchocypris oxycephalus   154
Rhynchocypris steindachneri   157

Z

Zacco koreanus   168
Zacco platypus   171
Zacco temminckii   165

S

Sarcocheilichthys nigripinnis morii   101
Sarcocheilichthys variegatus wakiyae   098
Silurus asotus   255
Silurus microdorsalis   258
Siniperca scherzeri   323, 326
Squalidus chankaensis tsuchigae   110
Squalidus gracilis majimae   106
Squalidus japonicus coreanus   108
Squalidus multimaculatus   112
Squaliobarbus curriculus   177
Synechogobius hasta   368

T

Takifugu niphobles   411
Takifugu obscurus   414
Trachidermus fasciatus   319
Tribolodon hakonensis   149

우리 이름 찾아보기

ㄱ

가는돌고기　088
가물치　408
가숭어　289
가시고기　302
가시납지리　077
각시붕어　048
갈겨니　165
갈문망둑　371
감돌고기　085
강주걱양태　341
개소겡　403
검정망둑　380
금강모치　160
기름종개　222
긴몰개　106
꺽저기　329
꺽정이　319
꺽지　332
꼬치동자개　247
꾸구리　131
꾹저구　359
끄리　174

ㄴ

나일틸라피아　339
날망둑　356

ㄷ

남방동사리　350
남방종개　216
납자루　055
납지리　072
누치　114
눈동자개　244
눈불개　177

ㄷ

다묵장어　022
대농갱이　250
대륙송사리　295
대륙종개　186
돌고기　082
돌마자　140
돌상어　134
동방종개　219
동사리　344
동자개　241
뒹경모치　143
둑중개　313
드렁허리　309
떡납줄갱이　052

ㅁ

말뚝망둥어　389

메기 255
모래무지 122
모치망둑 386
몰개 108
무지개송어 285
묵납자루 058
문절망둑 362
미꾸라지 195
미꾸리 192
미끈망둑 397
미유기 258
미호종개 210
민물검정망둑 383
민물두줄망둑 377
밀어 374

ㅂ

배가사리 146
배스 337
뱀장어 030
버들개 157
버들매치 125
버들붕어 405
버들치 154
복섬 411
부안종개 207
북방종개 231
붕어 039
블루길 335
빙어 271

ㅅ

사백어 400
산천어 282
새미 095

새코미꾸리 198
송사리 292
송어 282
수수미꾸리 234
쉬리 091
쌀미꾸리 189
쏘가리 323

ㅇ

어름치 118
얼룩동사리 347
얼룩새코미꾸리 201
연어 279
연준모치 151
열목어 277
왕종개 213
왜매치 128
왜몰개 163
은어 274
이스라엘잉어 037
임실납자루 065
잉어 034

ㅈ

자가사리 261
잔가시고기 305
점몰개 112
점줄종개 225
좀구굴치 353
좀수수치 237
종개 183
종어 253
줄납자루 068
줄몰개 104
줄종개 228

중고기   101

ㅊ
참갈겨니   168
참마자   116
참몰개   110
참붕어   080
참종개   204
참중고기   098
철갑상어   026
치리   180

ㅋ
칼납자루   062
큰가시고기   299
큰납지리   075
큰볏말뚱망둥어   393
큰줄납자루   070

ㅌ
퉁가리   264
퉁사리   267
풀망둑   368

ㅍ
피라미   171

ㅎ
한강납줄개   046
한둑중개   316
황복   414
황쏘가리   326

황어   149
흰발망둑   365
흰수마자   137
흰줄납줄개   042

참고 문헌

김익수, 『한국동식물도감』 37권 동물편(담수어류), 교육부, 1997.

──, 『은빛 여울에는 쉬리가 산다』, 중앙M&B, 1998.

──, 『춤추는 물고기』, 다른세상, 2000.

──, 「한국의 민물고기(CD ROM)」, 동방미디어주식회사, 2000.

김익수·박종영, 『(원색도감) 한국의 민물고기』, 교학사, 2002.

김익수·최윤·이충열·이용주·김병직·김지현, 『(원색) 한국어류대도감』, 교학사, 2005.

유정칠·이완옥, 『한강에서 만나는 새와 민물고기』, 지성사, 2001.

최기철, 『민물고기 이야기』, 한길사, 1991.

──, 『우리 물고기 기르기』, 현암사, 1993.

최기철·이원규, 『우리민물고기 백가지』, 현암사, 1994.

한국어류학회, 『(우리가 정말 알아야 할) 우리나라 멸종위기 어류의 현황과 보존』, 한국어류학회, 2004.

김익수·최승호·이홍헌·한경호, "금강에 서식하는 감돌고기 *Pseudopungtungia nigra*의 탁란", 〈Korean Journal of Ichthylogy(한국어류학회지)〉, 16권 1호(2004년 3월) : p. 75~79.

Kim I. S., Oh M. K. and Hosoya K. A, "new species of cyprinid fish, *Zacco koreanus* with redescription of *Z. temminckii* (Cyprinidae) from Korea." 〈Korean Journal of Ichthylogy〉 17권 1호(2005년 3월) : p. 1~7.

Chae B. S., "First record of odontobutid fish, *Odontobutis obscura* (Pisces, Gobiodei) from Korea." 〈Korean Journal of Ichthylogy〉, 11권 1호(1999년 6월) : p. 12~16.

_ 인터넷 웹사이트

한국어류학회 '한국 담수어류 데이터베이스' http://www.kffish.chobuk.ac.kr

A Global Information System on Fishes(Fish Base) http://www.fishbase.org

민물고기 환경·생태 사이버 체험관 http://www.fish.go.kr